Ali Zaidi

Structure électronique et spectroscopie de MgSH, HMgS, HBeO et HMgO

Ali Zaidi

Structure électronique et spectroscopie de MgSH,HMgS,HBeO et HMgO

Radicaux triatomiques d'intérêt astrophysique

Presses Académiques Francophones

Impressum / Mentions légales
Bibliografische Information der Deutschen Nationalbibliothek: Die Deutsche Nationalbibliothek verzeichnet diese Publikation in der Deutschen Nationalbibliografie; detaillierte bibliografische Daten sind im Internet über http://dnb.d-nb.de abrufbar.
Alle in diesem Buch genannten Marken und Produktnamen unterliegen warenzeichen-, marken- oder patentrechtlichem Schutz bzw. sind Warenzeichen oder eingetragene Warenzeichen der jeweiligen Inhaber. Die Wiedergabe von Marken, Produktnamen, Gebrauchsnamen, Handelsnamen, Warenbezeichnungen u.s.w. in diesem Werk berechtigt auch ohne besondere Kennzeichnung nicht zu der Annahme, dass solche Namen im Sinne der Warenzeichen- und Markenschutzgesetzgebung als frei zu betrachten wären und daher von jedermann benutzt werden dürften.

Information bibliographique publiée par la Deutsche Nationalbibliothek: La Deutsche Nationalbibliothek inscrit cette publication à la Deutsche Nationalbibliografie; des données bibliographiques détaillées sont disponibles sur internet à l'adresse http://dnb.d-nb.de.
Toutes marques et noms de produits mentionnés dans ce livre demeurent sous la protection des marques, des marques déposées et des brevets, et sont des marques ou des marques déposées de leurs détenteurs respectifs. L'utilisation des marques, noms de produits, noms communs, noms commerciaux, descriptions de produits, etc, même sans qu'ils soient mentionnés de façon particulière dans ce livre ne signifie en aucune façon que ces noms peuvent être utilisés sans restriction à l'égard de la législation pour la protection des marques et des marques déposées et pourraient donc être utilisés par quiconque.

Coverbild / Photo de couverture: www.ingimage.com

Verlag / Editeur:
Presses Académiques Francophones
ist ein Imprint der / est une marque déposée de
OmniScriptum GmbH & Co. KG
Heinrich-Böcking-Str. 6-8, 66121 Saarbrücken, Deutschland / Allemagne
Email: info@presses-academiques.com

Herstellung: siehe letzte Seite /
Impression: voir la dernière page
ISBN: 978-3-8416-2987-6

Remerciements

Ce travail a été effectué dans le Laboratoire de Spectroscopie Atomique, Moléculaire et Applications de la Faculté des Sciences de Tunis. Sa réalisation a été énormément facilitée par une collaboration très étroite avec le Laboratoire de Chimie Théorique de l'université de Marne La Vallée et le Laboratoire de physique des Lasers, Atomes et Molécules de l'université de Lille I.

Je tiens, en premier lieu à remercier vivement Madame le professeur **Zohra Ben Lakhdar** pour m'avoir accueilli dans son laboratoire. J'ai beaucoup appris grâce à son aide, ses conseils toujours avisés et son expérience qui m'ont montrés l'exemple non seulement dans le domaine de la recherche, mais aussi pour tous les aspects relatifs au métier d'enseignant chercheur. Sa générosité et sa motivation ont permis d'installer une atmosphère de convivialité toute particulière dans son laboratoire.

Toute ma reconnaissance à Madame **Souad Lahmar** pour m'avoir accordé sa confiance pour que je puisse m'engager dans un travail de thèse sous sa responsabilité. Grâce à sa rigueur scientifique et à ses qualités humaines, que j'apprécie à leur juste valeur, toutes les difficultés ont pu être surmontées. Sa disponibilité et ses encouragements permanents ont permis d'accomplir ce travail dans les meilleures conditions.

Un très grand merci à Monsieur **Nejmeddine Jaïdane** pour son soutien permanent qui permet de donner des solutions constructives à tous les problèmes, aussi bien logistiques qu'académiques, qu'un thésard peut rencontrer et aussi pour avoir accepté d'être rapporteur de ma thèse.

Je suis très reconnaissant à Monsieur Le Professeur **Taeib Lili** qui m'a fait l'honneur de présider cette thèse.

Je remercie également Monsieur **Korchi Masmoudi** pour avoir accepter d'être rapporteur de ma thèse et pour le temps sacrifié à l'évaluation de ce travail.

Je voudrais témoigner toute ma gratitude à monsieur le Professeur **Pavel Rosmus** pour sa patience et sa gentillesse qu'il a montrés tout au long de notre collaboration, pour ses conseils scientifiques que j'ai pu bénéficier et pour avoir accepté de se déplacer pour juger ce travail.

Ma sympathie et mers remerciements s'adressent aussi à Monsieur le Professeur **Jean-Michel Robbe** qui m'a accueilli dans son laboratoire de l'université Lille I. Il m'a permis de profiter pleinement de tout le matériel dont son laboratoire dispose.

Une mention particulière à Monsieur le Professeur **Jean-Pierre Flament** *pour l'amitié qu'il a su ajouté aux discussions académiques très fructueuses tout le long de notre collaboration.*

Je remercie vivement madame le Professeur **Gilberte Chambaud** *qui m'a été d'un grand soutien lors de mes séjours au Laboratoire de Chimie théorique, grâce à des discussions très enrichissantes et à la facilité accordée pour l'accès a tout le matériel du laboratoire.*

Je remercie également Monsieur le professeur **Hamed Bahri** *et Monsieur* **Majdi Hochlaf** *pour le temps qu'ils ont accordés à la lecture de ce mémoire.*

J'adresse une pensée particulière à tous mes collègues de l'IPEST et à son directeur monsieur le Professeur **Hassen Maaref** *pour leur soutien tout le long de ce travail.*

Travailler dans un environnement aussi particulier que l' LSAMA a été une joie et un privilège. Son caractère interdisciplinaire m'a permis d'avoir des discussions très enrichissantes avec tous les membres du laboratoire. Qu'ils trouvent ici toute ma reconnaissance.

à ma mère à mes sœurs et à mes frères et à toute ma famille pour leur soutien permanent.

à ma chère épouse à qui je suis très reconnaissant pour sa patience et sa generosité.

à la mémoire de mon père

Table des matières

Introduction

Introduction

La chimie théorique est de nos jours, à coté de l'expérience, un outil indispensable pour la détermination des caractéristiques et des données relatives aux atomes et aux molécules. La précision des calculs théoriques a été nettement améliorée pendant les deux dernières décennies du XX siècle, grâce au développement des ordinateurs devenus de plus en plus performants et à l'évolution des méthodes de calcul.

Cette partie de la chimie peut s'avérer dans des cas particuliers la seule source d'information sur des molécules difficiles à manipuler expérimentalement (molécules toxiques ou dont la durée de vie très petite). Ainsi dans ce mémoire les outils de la chimie quantique sont exploités pour fournir des résultats théoriques avec le maximum de précision possible pour des systèmes triatomiques dont les données expérimentales sont rares si non inexistantes.

Depuis les années soixante-dix, date de la découverte du monohydroxyde de calcium CaOH [103] dans l'espace interstellaire, les systèmes MOH résultant de l'interaction d'un atome alcalino-terreux (M = Be, Mg, Ca, Sr, Ba) avec le radical OH ont fait l'objet d'un grand nombre de travaux expérimentaux et théoriques[88]. Ces systèmes présentent un intérêt astrophysique important : l'analyse des spectres émis par ces composés apporte des informations précises sur la composition des milieux interstellaires et sur les conditions physiques qui y règnent. Il a été établi que la nature de la liaison M—O dépend du métal considéré : les trois radicaux les plus lourds (CaOH, SrOH et BaOH) ont, à l'état fondamental $^2\Sigma^+$ une géométrie d'équilibre linéaire ce qui permet de conclure que la liaison M—O est ionique. Pour MgOH [81,89—91,98], le calcul théorique montre que sa géométrie d'équilibre est linéaire alors que les résultats expérimentaux lui associent une géométrie d'équilibre quasi-linéaire dans son état fondamental $^2\Sigma^+$, et la liaison Mg—O a un caractère ionique prépondérant. D'après les calculs théoriques[81][91][92][99], le radical le plus léger BeOH a une géométrie d'équilibre pliée dans son état fondamental $^2A'$ ce qui confère à la liaison Be—O un caractère plutôt covalent. A l'exception de BeOH, tous les composés MOH ont été produits au laboratoire et l'analyse de leurs spectres de rotation a permis de confirmer les observations astrophysiques.

Pour les radicaux iso-électroniques de valence MSH, CaSH a fait l'objet de travaux théoriques et expérimentaux [77,78,82—85,87] alors que pour MgSH [86] seule la structure rotationnelle a été explorée. L'étude théorique de ces systèmes peut être alors d'un grand intérêt pour aider les recherches expérimentales au laboratoire et orienter les astrophysiciens dans leurs observations.

Pour les isomères HMO, seuls les radicaux HBeO et HMgO ont fait l'objet de deux travaux théoriques [100,101] alors que pour les radicaux HMS, et à notre connaissance, aucune étude (théorique ou expérimentale) n'a été faite auparavant.

C'est pour cette raison que nous nous sommes intéressés dans ce travail à l'étude des radicaux MgSH, HMgS, HBeO et HMgO avec des méthodes de calculs performantes, afin de fournir des résultats fiables pouvant guider et initier des travaux expérimentaux ultérieurs.

Dans la première partie de ce travail qui comporte deux chapitres, nous avons exposé les différentes méthodes de calcul de la chimie quantique que nous avons utilisées pour la résolution de l'équation de Schrödinger moléculaire. Nous avons détaillé, dans le premier chapitre, les méthodes ab-initio (où le calcul se fait avec les principes de base et sans aucune connaissance expérimentale préalable) de résolution de l'équation de Schrödinger électronique dans le cadre de l'approximation de Born-Oppenheimer. Dans le second chapitre, nous nous sommes intéressés, dans le cas des molécules triatomiques, à l'étude du mouvement nucléaire (vibration et rotation), d'abord par une approche perturbative puis par une approche variationnelle qui a l'avantage (notamment pour les systèmes Renner-Teller) d'aller au delà de l'approximation de Born-Oppenheimer.

Dans la deuxième partie, nous avons appliqué ces méthodes de calcul à l'étude des radicaux MgSH, HMgS, HBeO et HMgO. Le premier chapitre constitue une investigation de la structure électronique de ces radicaux dans les états électroniques les plus bas. Les coupes des surfaces de potentiel pour ces états et l'étude de l'isomérisation de ces systèmes sont effectuées avec la méthode CASSCF[22,23] suivi par un calcul MRCI [29-30] et avec une base cc-pVQZ [9]. La disposition relative de ces états électroniques par rapport à la géométrie d'équilibre de l'état fondamental est donnée pour les quatre radicaux. Dans le second chapitre, les représentations analytiques tri-dimentionnelles des surfaces de potentiel obtenues par les méthodes MRCI et RCCSD(T)[40—48] et avec la base cc-pV5Z [10], pour l'état fondamental ^2A' de MgSH et les états X $^2\Pi$ et $A^2\Sigma^+$ de HMgS, HBeO et HMgO, ont été utilisées pour résoudre l'équation de Schrödinger nucléaire, afin de déterminer les constantes spectroscopiques de ces radicaux. Les niveaux rovibroniques pour l'état fondamental X $^2\Pi$ des radicaux HMX (M = Be et Mg et X = O et S) sont obtenus avec la méthode variationnelle. Les comparaisons des caractéristiques des radicaux MOH et MSH d'une part et des radicaux HMO et HMS d'autre part, ont été faites au fur et à mesure et elles nous ont permis de tirer des conclusions sur l'effet des substitutions effectuées en passant d'une structure à l'autre.

Partie 1

Cadre général du calcul en Chimie quantique

Objectifs de la première partie

L'obtention des constantes spectroscopiques théoriques de toute molécule passe par la résolution de l'équation de Schrödinger qui décrit les différentes interactions présentes dans la molécule. La résolution exacte de cette équation est impossible et il faut alors faire différentes approximations sur l'hamiltonien et sur la fonction d'onde, qui seront détaillées dans cette première partie. Celle-ci est composée de deux chapitres :

Dans le premier chapitre, l'approximation de Born-Oppenheimer qui nous permet de découpler le mouvement électronique du mouvement des noyaux, est présentée ainsi que ses limitations.

Par la suite, en se plaçant dans le cadre de cette approximation, les différentes méthodes de calcul ab-initio servant à la résolution de l'équation de Schrödinger électronique sont exposées et des comparaisons de ces méthodes sont faites au fur et à mesure.

Dans le deuxième chapitre, sont détaillées les deux méthodes que nous avons utilisées pour la résolution de l'équation de Schrödinger nucléaire : une méthode perturbative qui permet, dans le cadre de l'approximation de Born-Oppenheimer, d'obtenir les constantes spectroscopiques des systèmes étudiés et une méthode variationnelle qui permet de fournir le spectre vibronique des tels systèmes. Cette méthode peut tenir compte de toutes les interactions entre les différents moments angulaires et permet ainsi, d'aller au delà de l'approximation de Born-Oppenheimer.

L'application de ces outils de calcul aux radicaux triatomiques qui nous intéressent et les résultats que nous avons obtenus seront détaillés dans la deuxième partie

Chapitre 1 : Résolution de l'équation de Schrödinger électronique

I- Position du problème

I-1 Expression de l'hamiltonien moléculaire

Une molécule est un système complexe constitué de K noyaux et n électrons en interaction entre eux (on suppose que la molécule est isolée). Les états stationnaires de ce système sont obtenus par la résolution de l'équation de Schrödinger indépendante du temps :

$$\hat{H}\,\Psi \;=\; E\,\Psi \tag{1.1}$$

où Ψ est la fonction d'onde du système correspondant à la valeur E de l'énergie de l'état stationnaire considéré. L'opérateur $\hat{H}$ est l'hamiltonien de la molécule dont l'expression générale est : $\hat{H} = \hat{T} + \hat{V} + \hat{V}'$

$\hat{T}$ est l'opérateur énergie cinétique somme de deux contributions $\hat{T}_e + \hat{T}_N$

avec : $\hat{T}_e = \dfrac{-\hbar^2}{2m}\displaystyle\sum_{i=1}^{n}\Delta_i$ et $\hat{T}_N = \dfrac{-\hbar^2}{2}\displaystyle\sum_{I=1}^{K}\dfrac{\Delta_I}{M_I}$

m étant la masse de l'électron, M_I la masse du noyau I et Δ l'opérateur laplacien.

$\hat{V}$ est l'énergie potentielle coulombienne et elle a pour expression :

$$\hat{V} = \hat{V}_{ee} + \hat{V}_{eN} + \hat{V}_{NN}$$

Avec :

$$\hat{V}_{ee} = \sum_i \sum_{j\rangle i} \frac{e^2}{4\pi\varepsilon_0 r_{ij}}$$

où r_{ij} est la distance entre les électrons i et j.

$$\hat{V}_{eN} = -\sum_i \sum_I \frac{Z_I e^2}{4\pi\varepsilon_0 \rho_{iI}}$$

où ρ_{ij} est la distance entre l'électron i de coordonnée r_i et le noyau I de numéro atomique Z_I et de coordonnée R_I.

$$\hat{V}_{NN} = \sum_I \sum_{J\rangle I} \frac{Z_J Z_I e^2}{4\pi\varepsilon_0 R_{IJ}}$$

où R_{IJ} est la distance entre les noyaux de numéro atomique Z_I et Z_J.

$\hat{V}'$ représente l'énergie potentielle d'interaction qui englobe tous les termes autres que ceux d'origine coulombienne (interactions faisant intervenir les spins électroniques et nucléaires…)

Dans le système d'unités atomiques qui sera adopté dans la suite (voir annexe1), l'hamiltonien de la molécule prend la forme suivante :

$$\hat{H} = -\frac{1}{2}\sum_i \Delta_i - \frac{1}{2}\sum_I \frac{\Delta_I}{M_I} + \sum_i \sum_{j\rangle i} \frac{1}{r_{ij}} - \sum_i \sum_I \frac{Z_I}{\rho_{iI}} + \sum_I \sum_{J\rangle I} \frac{Z_I Z_J}{R_{IJ}} + \hat{V'}$$

Etant donnée le grand nombre de variables et la présence des termes de couplage e-e et e-N et du terme V', la résolution analytique de l'équation de Schrödinger est impossible. Il est alors indispensable d'introduire des approximations pour pouvoir résoudre l'équation (1.1) dans le cas d'un système moléculaire.

I-2 Cadre non relativiste.

Une première approximation a déjà été faite quand nous avons considéré uniquement les états stationnaires (l'équation de Schrödinger indépendante du temps). La deuxième approximation, dite approximation non relativiste, consiste à négliger en première approximation les termes contenus dans V' (couplage spin électronique-spin électronique, couplage spin électronique-spin nucléaire .....). Dans toute la suite on se placera, lors de l'étude de la structure électronique des systèmes moléculaires auxquels nous nous sommes intéressés, dans le cadre de cette approximation.

L'hamiltonien non relativiste et indépendant du temps d'un système moléculaire libre s'écrit alors comme suit :

$$\hat{H} = \hat{T}_e(\vec{r}) + \hat{T}_N(\vec{R}) + \hat{V}_{ee}(\vec{r}) + \hat{V}_{NN}(\vec{R}) + \hat{V}_{eN}(\vec{r}, \vec{R}) \qquad (1.2)$$

où $\vec{r}$ est l'ensemble des coordonnées électroniques et $\vec{R}$ est l'ensemble des coordonnées nucléaires par rapport au centre de masse de la molécule

I-3 Approximation de Born-Oppenheimer

I.3.a Idée de base

L'hamiltonien (1.2) ne peut pas être séparé en deux termes l'un fonction de $\vec{r}$ et l'autre fonction de $\vec{R}$ à cause du terme $\hat{V}_{eN}(\vec{r},\vec{R})$. En se basant sur le fait que la
masse du noyau est très grande par rapport à celle de l'électron (1840 pour le cas de l'atome d'hydrogène et jusqu'à 40000 pour des atomes lourds), Born et Oppenheimer [1] ont supposé que les électrons s'adaptent instantanément à la position des noyaux. Physiquement ceci revient à découpler le mouvement des électrons et des noyaux et à les traiter de manière indépendante. La fonction d'onde totale d'un état électronique m peut être écrite sous la forme :

$$\Psi_m = \Phi_m(\vec{r},\vec{R})u_m(\vec{R})$$

où $u(\vec{R})$ est la fonction d'onde qui décrit le mouvement des noyaux dans le champ crée par les électrons et $\Phi_m(\vec{r},\vec{R})$ est la fonction d'onde électronique correspondant à une position fixe R des noyaux et qui est solution de l'équation de Schrödinger :

$$\hat{H}_{el}\Phi_m(\vec{r},\vec{R}) = E_{mm}(\vec{R})\Phi_m(\vec{r},\vec{R}) \qquad (1.3)$$

Où

$$\hat{H}_{el} = \hat{T}_e(\vec{r}) + \hat{V}_{ee}(\vec{r}) + \hat{V}_{NN}(\vec{R}) + \hat{V}_{eN}(\vec{r},\vec{R}) \qquad (1.4)$$

le terme $\hat{V}_{NN}(\vec{R})$ est une constante pour chaque configuration nucléaire et de cette façon $\hat{V}_{eN}(\vec{r},\vec{R})$ et $\hat{H}_{el}$ n'ont plus qu'une dépendance paramétrique en R.

L'approximation de Born-Oppenheimer nous permet donc de traiter toute molécule en deux étapes :

- Pour chaque configuration des noyaux (R fixe) on détermine E_{mm} et $\Phi_m(\vec{r},\vec{R})$ par la résolution de l'équation de Schrödinger électronique (équation 1.3).

- Les énergies E_{mm} obtenues pour différentes géométries nucléaires forment une fonction d'énergie potentielle pour l'état électronique m et cette fonction représente l'énergie potentielle pour le mouvement des noyaux. La résolution de l'équation de Schrödinger nucléaire

$$[\; \hat{T}_N + E_{mm} \;]u_m(\vec{R}) = Eu_m(\vec{R}) \qquad (1.5)$$

nous permet alors de déterminer la fonction d'onde et l'énergie totale de la molécule.

I.3.b: Limites de l'approximation de Born-Oppenheimer.

Pour comprendre la signification précise de cette approximation on va se placer dans le cas général où le couplage des mouvements des électrons et des noyaux est introduit en écrivant la fonction d'onde totale de la molécule sous la forme :

$$\Psi(\vec{r},\vec{R}) = \sum_m u_m(\vec{R})\Phi_m(\vec{r},\vec{R}) \qquad (1.6)$$

Pour chercher les fonctions u_m on injecte cette expression dans l'équation (1.1) :

$$\hat{H} \sum_m u_m(\vec{R}) \Phi_m(\vec{r}, \vec{R}) = E \sum_m u_m(\vec{R}) \Phi_m(\vec{r}, \vec{R})$$

En tenant compte du fait que les fonctions d'onde électroniques sont orthonormées et par intégration sur les coordonnées électroniques on obtient :

$$\int dr \Phi_n^*(\vec{r}, \vec{R}) \hat{H} \sum_m u_m(\vec{R}) \Phi_m(\vec{r}, \vec{R}) = E u_n(\vec{R})$$

En posant

$$E_{nm}(\vec{R}) = \langle \Phi_n | \hat{H}_{el} | \Phi_m \rangle$$

$$\hat{T}'_{nm} = \sum_I - \frac{1}{M_I} d^I_{nm}(\vec{R}) . \nabla_I$$

$$\hat{T}''_{nm} = \sum_I - \frac{1}{2M_I} D^I_{nm}(\vec{R})$$

où $\quad d^I_{nm}(R) = \langle \Phi_n | \nabla_I | \Phi_m \rangle \quad$ et $\quad D^I_{nm}(R) = \langle \Phi_n | \nabla_I^2 | \Phi_m \rangle$

L'équation de Schrödinger prend la forme suivante :

$$\left[\hat{T}_N + \sum_I \frac{-1}{2M_I} (d^I_{nn} \nabla_I + D^I_{nn}) + E_{nn} - E \right] u_n(\vec{R}) =$$

$$- \sum_{m \neq n} \left[E_{nm} + \sum_I \frac{-1}{2M_I} (2d^I_{nm} \nabla_I + D^I_{nm}) \right] u_m(\vec{R})$$

qui est équivalente à :

$$\left[\ \hat{T}_N + \hat{T}'_{nn} + \hat{T}''_{nn} + E_{nn} - E \ \right] u_n(\vec{R}) =$$
$$- \sum_{m \neq n} \left[\ E_{nm} + \hat{T}'_{nm} + \hat{T}''_{nm} \ \right] u_m(\vec{R}) \qquad (1.7)$$

Dans le cadre de l'approximation de Born-Oppenheimer on suppose que :

- La base des fonctions d'onde électroniques considérée (appelée dans ce cas _base adiabatique_) diagonalise l'hamiltonien électronique et le terme de couplage entre états électroniques E_{nm} s'annule.

- En considérant des fonctions Φ_n réelles, alors $\hat{T}'_{nn}$ est nul (en calculant la dérivée par rapport à R de $\langle \Phi_n(\vec{r},\vec{R}) | \ \Phi_n(\vec{r},\vec{R}) \rangle$). Le deuxième terme de couplage $\hat{T}''_{nn}$ appelé _correction diagonale_ sera négligé.

- les éléments de matrice de couplage non adiabatique $\hat{T}'_{nm}$ et $\hat{T}''_{nm}$ sont négligés. Ceci est possible car le mouvement nucléaire est tellement lent que la fonction d'onde électronique est insensible au changement des coordonnées nucléaires et donc les dérivées première et seconde par rapport à ces coordonnées sont nulles.

En négligeant tous ces termes dans l'équation (1.7) on retrouve bien l'équation (1.5).

L'approximation de Born-Oppenheimer est très satisfaisante pour la plupart des problèmes de structure moléculaire des systèmes au voisinage de l'équilibre où le mouvement des noyaux peut être considéré comme très lent vis-à-vis de celui des électrons. Toutefois, dans le cas où les termes non diagonaux ne sont plus négligeables, il se produit un couplage entre les états électroniques par l'intermédiaire de ces termes. Le couplage entre deux états électroniques peut être assez important au voisinage d'un croisement évité, ou d'une intersection conique, car dans ces régions la fonction d'onde électronique dépend fortement des coordonnées nucléaires. L'approximation adiabatique n'est plus possible vu qu'il faut traiter plusieurs états électroniques ensemble pour une conformation donnée de la molécule. Cette situation se produit aussi dans le cas des systèmes Renner-Teller (voir paragraphe III-1 du chapitre 2) où il y a dédoublement d'un état électronique dégénéré lorsque la molécule est linéaire, en deux états électroniques distincts lorsqu'elle est pliée, suite à une interaction entre les mouvements électroniques et les vibrations moléculaires. C'est le cas de l'état fondamental des radicaux HMX que nous nous proposons d'étudier dans ce mémoire.

Dans la *représentation diabatique* les fonctions $\Phi_n(r, \vec{R})$ ne sont plus fonctions propres de l'hamiltonien électronique $\hat{H}_{el}$ et la matrice associée à cet opérateur n'est plus diagonale car les éléments de couplage $E_{nm}(\vec{R})$ ne sont plus nuls pour $n \neq m$ et le traitement du problème se fait alors par l'intermédiaire de l'équation (1.7). Dans cette équation les éléments de matrice $d_{nm}^l(\vec{R})$ et $D_{nm}^l(\vec{R})$ calculés à l'aide d'une base adiabatique prennent dans les zones de croisement évités ou d'intersection conique, des valeurs importantes et varient beaucoup dans un domaine de valeurs de R très réduit. Pour cette raison la meilleure *base diabatique* sera celle qui minimise ces éléments de matrices.

Dans la suite nous nous placerons dans une première étape, dans le cadre de l'approximation de Born-Oppenheimer, lors de l'étude de la structure électronique de tous les systèmes auxquels nous nous sommes intéressés. Cependant l'étude du mouvement nucléaire se fera en dehors de cette approximation pour les radicaux HMX.

II Méthodes de résolution de l'équation de Schrödinger électronique.

II-1 Méthode Hartree-Fock ou SCF (Self Consistent Field)

Dans le cadre de l'approximation de Born-Oppenheimer (qui nous a permis de dissocier le mouvement des électrons de celui des noyaux) l'hamiltonien

électronique: $\hat{H}_{el} = \hat{T}_e(r) + \hat{V}_{ee}(r) + \hat{V}_{NN}(\vec{R}) + \hat{V}_{eN}(r,\vec{R})$

peut être écrit sous la forme : $\hat{H}_{el} = \sum_i \hat{h}(i) + \sum_i \sum_{j>i} \hat{g}_{ij}$

où le terme mono-électronique $\hat{h}(i) = -\frac{1}{2}\sum_i \Delta_i - \sum_i \sum_I \frac{Z_I}{\rho_{iI}}$ (1.8)

représente le mouvement de l'électron i dans le champ des noyaux

et $\hat{g}_{ij} = \dfrac{1}{r_{ij}}$ est le terme biélectronique.

Pour une configuration donnée des noyaux, le terme V_{NN} représente une constante et sera omis dans les étapes suivantes.

La présence du terme de répulsion g_{ij} rend la résolution exacte de l'équation de Schrödinger électronique (1.3) impossible. Nous serons alors amenés à faire d'autres approximations sur l'hamiltonien et sur la fonction d'onde.

II.1.a Approximation de Hartree-Fock

L'idée fondamentale de l'approximation Hartree-Fock [2-3-4] est d'assimiler les électrons à des particules indépendantes c'est-à-dire de remplacer l'interaction instantanée entre eux par un effet moyen ressenti par chaque électron de la part de tout le reste des électrons. Ceci revient à représenter la fonction d'onde électronique Ψ_{HF} par un produit de fonctions mono-électroniques ϕ_k (que nous appellerons spin-orbitales) et à transformer l'équation de Schrödinger à n électrons, en n équations mono-électroniques

Pour se conformer aux propriétés fondamentales de la fonction d'onde d'un système à n électrons (respecter le principe d'exclusion de Pauli et vérifier la propriété d'indiscernabilité des électrons), on peut la représenter sous la forme d'un déterminant de Slater:

$$\Psi_{HF}(1,2,\dots\dots n) = \frac{1}{\sqrt{n!}}\begin{vmatrix} \phi_1(1)\phi_2(1)\dots\dots\dots\dots\phi_n(1) \\ \phi_1(2)\phi_2(2)\dots\dots\dots\dots\phi_n(2) \\ \\ \\ \phi_1(n)\phi_2(n)\dots\dots\dots\dots\phi_n(n) \end{vmatrix} \qquad (1.9)$$

où les spin-orbitales ϕ_i sont écrites sous la forme d'un produit d'une partie

spatiale par une fonction de spin (α ou β) : $\phi_i = \begin{cases} \phi_i^{\alpha} \, \alpha \\ \phi_i^{\beta} \, \beta \end{cases}$ (1.10)

L'énergie du système est donnée par l'expression suivante:

$$E_{HF} = \langle \Psi_{HF} | \hat{H}_{el} | \Psi_{HF} \rangle \tag{1.11}$$

Cette énergie peut être exprimée en fonction des intégrales mono-électroniques h_{ii} et bi-électroniques J_{ij} et K_{ij} [5] comme suit :

$$E_{HF} = \sum_i^n h_{ii} + \sum_i^n \sum_{j>i}^n \left(J_{ij} - K_{ij} \right) \tag{1.12}$$

où

$$h_{ii} = \int \phi_i^*(1) \hat{h}_1 \phi_i(1) d\tau_1 \tag{1.13}$$

dite intégrale de cœur, représente la contribution mono-électronique à l'énergie électronique, de l'électron 1 occupant la spin-orbitale ϕ_i. Cette énergie est la somme de son énergie cinétique et de son énergie coulombienne d'interaction avec tous les noyaux de la molécule et

$$J_{ij} = \int \phi_i^*(1) \phi_j^*(2) \hat{g}_{12} \phi_i(1) \phi_j(2) d\tau_1 d\tau_2 \tag{1.14}$$

est l'intégrale coulombienne représentant l'énergie moyenne de répulsion électrostatique des électrons 1 et 2 répartis dans l'espace avec les densités $\phi_i^* \phi_i$ et $\phi_j^* \phi_j$. Ce terme peut être réécrit de la façon suivante :

$$J_{ij} = \int \phi_i^*(1)\hat{J}_j(1)\phi_i(1)d\tau_1$$

où $\hat{J}_j(1) = \int \phi_j^*(2)\dfrac{1}{r_{12}}\phi_j(2)d\tau_2$ est l'opérateur de Coulomb.

Ces deux dernières relations montrent que l'interaction instantanée entre les électrons 1 et 2 est remplacée par une interaction moyenne vu que l'opérateur $\dfrac{1}{r_{12}}$ est remplacé par $\hat{J}_j(1)$.

L'intégrale d'échange $K_{ij} = \int \phi_i^*(1)\phi_j^*(2)\hat{g}_{12}\phi_j(1)\phi_i(2)d\tau_1 d\tau_2$ (1.15)

caractérise la corrélation entre deux électrons de même spin. En effet d'après le principe de Pauli deux électrons de même spin ne peuvent se trouver en un même point de l'espace. Par conséquent leur distance est plus grande et l'énergie de répulsion sera plus petite que celle de deux électrons de spin différents, de la quantité égale à l'intégrale d'échange.

De manière analogue à l'opérateur de Coulomb, on peut définir l'opérateur d'échange par : $\hat{K}_j(1)\phi_i(1) = \left[\int \phi_j^*(2)\hat{g}_{12}\phi_i(2)d\tau_2 \right]\phi_j(1)$

Pour déterminer l'énergie de chaque électron i occupant la spin-orbitale ϕ_i, nous allons utiliser la méthode suivante.

II.1.b Méthode Hartree-Fock Self Consistent Field (HF-SCF)

Dans cette méthode on utilise des orbitales moléculaires qui minimisent l'énergie donnée par l'équation (**1.11**). Ceci est possible en utilisant la méthode basée sur le principe variationnel et en imposant aux spin-orbitales d'être orthonormées.

En introduisant les multiplicateurs de Lagrange ε_{ij}, cette technique variationnelle se traduit par l'équation suivante :

$$\delta E - \sum_{ij} \varepsilon_{ij} \delta \langle \phi_i | \phi_j \rangle = 0 \qquad (1.16)$$

A l'aide de l'équation **(1.12)**, la variation de l'énergie au premier ordre est [5] :

$$\delta E = \sum_{i}^{n} \left(\langle \delta\phi_i | \hat{h}_i | \phi_i \rangle + \langle \phi_i | \hat{h}_i | \delta\phi_i \rangle \right) + \sum_{i,j}^{n} \left(\langle \delta\phi_i | \hat{J}_j - \hat{K}_j | \phi_i \rangle + \langle \phi_i | \hat{J}_j - \hat{K}_j | \delta\phi_i \rangle \right)$$

en introduisant l'opérateur de Fock

$$\hat{F}_i = \hat{h}_i + \sum_{j} (\hat{J}_j - \hat{K}_j) \qquad (1.17)$$

l'expression précédente devient $\delta E = \sum_{i}^{n} \left(\langle \delta\phi_i | \hat{F}_i | \phi_i \rangle + \langle \phi_i | \hat{F}_i | \delta\phi_i \rangle \right)$

Etant donné que E et $\langle \phi_i | \phi_i \rangle$ sont réels, ε_{ij} doit être un élément d'une matrice hermétique et l'équation variationnelle (1.16) devient :

$$\sum_{i} \langle \delta\phi_i | \left(\hat{F}_i | \phi_i \rangle - \sum_{j} \varepsilon_{ij} | \phi_j \rangle \right) = 0 .$$

Cette relation est vraie quelque soit $\delta\phi_i$, le terme entre parenthèses doit être nul et cette condition nous permet de déduire les équations de Hartree-Fock:

$$\hat{F}_i \phi_i = \sum_{j} \varepsilon_{ij} \phi_j \qquad \text{pour } i = 1.....n \qquad (1.18)$$

Une autre simplification peut être apportée aux équations précédentes. Elle consiste à diagonaliser la matrice des multiplicateurs de Lagrange (ε) par une transformation unitaire [5]

$$\phi_i^{'} = \sum_k \phi_k U_{ki} \qquad (1.19)$$

qui laisse l'opérateur de Fock et le déterminent de Slater inchangés. Ces nouvelles spin-orbitales $\phi_i^{'}$ sont appelées orbitales canoniques et elles sont solutions de l'équation de Schrödinger :

$$\hat{F}_i \phi_i^{'} = \varepsilon_i \phi_i^{'} \qquad \text{pour i = 1, 2,3……….n} \qquad (1.20)$$

Finalement l'équation de Schrödinger prend la forme d'une équation aux valeurs propres où ε_i est l'énergie de l'orbitale i (-ε_i représente l'énergie d'ionisation d'un électron occupant la spin-orbitale $\phi_i^{'}$ d'après le théorème de Koopmans). Les spin-orbitales $\phi_i^{'}$ qui seront notées dans la suite tout simplement ϕ_i forment une base pour la représentation irréductible du groupe ponctuel de la molécule. L'énergie orbitalaire ε_i a pour expression :

$$\varepsilon_i = \langle \phi_i | \hat{F}_i | \phi_i \rangle = h_{ii} + \sum_j^n (J_{ij} - K_{ij})$$

L'énergie totale de la molécule (sans le terme V_{NN}) donnée par l'expression (1.12) s'exprime alors en fonction des ε_i par la relation :

$$E = \sum_{i=1}^n \varepsilon_i - \frac{1}{2} \sum_{ij}^n (J_{ij} - K_{ij})$$

Remarquons ici que $E \neq \sum_i \varepsilon_i$ car si on fait simplement la somme des énergies ε_i les termes bi-électroniques seront comptés deux fois.

L'opérateur de Fock (1.17) n'est défini que si on suppose au préalable connu, l'ensemble des spin-orbitales ϕ_i. La détermination de cet opérateur et par suite des orbitales moléculaires (OM) qui minimisent l'énergie (1.11), nécessite la connaissance préalable d'un jeu de spin-orbitales ϕ_i. Ceci implique que les équations de Schrödinger doivent être résolues par des itérations successives :

- Choix (par la méthode LCAO qui sera décrite ci-dessous) d'un jeu d'OM de départ.
- Construction de l'opérateur $\hat{F}_i$.
- Résolution de l'équation (1.20).
- Obtention d'un nouveau jeu d'OM

La forme définitive des OM est obtenue en répétant le processus jusqu'à convergence d'ou le nom de méthode de champ self consistent (**Self Consistent Field SCF**) :

II- 2 Approximation LCAO-MO : Linear Combination of Atomic Orbitals

la résolution itérative des équations HF nécessite la connaissance primitive d'un jeu d'OM. Ceci est possible grâce à l'approximation LCAO où chaque OM est développée sur une base d'orbitales atomiques (OA) χ centrées sur les atomes de la molécule et comportant chacune une partie radiale et une partie angulaire appropriée de façon à représenter des orbitales atomiques s, p, d....

$$\phi_i = \sum_{v}^{N} C_{vi} \chi_v \qquad (1.21)$$

II.2.a Choix des fonctions de base

En chimie théorique, il y a deux sortes de fonctions de base qui sont d'usage courant :

- Le premier type de bases est formé d'orbitales de Slater [6] (**STO :**
  Slater type Orbitals) : $\chi_{\zeta,n,l,m}(r,\theta,\varphi) = N Y_{l,m}(\theta,\varphi) r^{n-1} e^{-\zeta r}$

  où N est une constante de normalisation et $Y_{l,m}$ une harmonique sphérique qui caractérise la nature de l'orbitale (s, p, d...). ζ est l'exposant qui détermine la taille de l'orbitale.

- Le second type de base est formé d'orbitales Gaussiennes [7] (**GTO :**
  Gaussian Type Orbitals) : $\chi_{\alpha,n,l,m}(r,\theta,\varphi) = N Y_{l,m}(\theta,\varphi) r^{(2n-2-1)} e^{-\alpha r^2}$

  où α est un exposant qui détermine l'extension radiale de l'orbitale.

Signalons ici quelques remarques concernant ces deux types de fonctions et pour plus de détails se reporter à l'annexe 2 :

Bien que les bases de Slater soient moins commodes pour les calculs numériques, elles présentent l'avantage de décrire raisonnablement les orbitales atomiques. Les bases Gaussiennes par contre ont une représentation des orbitales assez pauvre car elles n'ont pas le comportement exact à l'origine (dérivée non nulle) ni aux grandes distances (décroissance trop rapide avec r). Toutefois leur intérêt vient du fait que toutes les intégrales impliquées dans les calculs peuvent être calculées explicitement sans avoir recours à une intégration numérique (voir annexe 2).

Le choix du nombre de fonctions de base est crucial. Celui-ci doit être grand pour donner des résultats de bonne qualité mais il doit être compatible avec les capacités des ordinateurs. Une base est dite minimale si chaque OA est décrite par une seule fonction mais cette base est loin d'être suffisante et il faut considérer alors des bases plus étendues. Les orbitales décrivant les électrons de cœur nécessitent un grand nombre de fonctions pour que leur comportement près du noyau soit bien représenté. Pour décrire convenablement les liaisons dans une molécule, il faut aussi utiliser un grand nombre de fonctions pour représenter la valence. Afin de réduire ce nombre on utilise des contractions des fonctions dites primitives en les groupant en des combinaisons linéaires avec des coefficients constants (voir annexe 2). Généralement les OA internes dites de cœur sont représentées par une seule contraction mais le nombre de fonctions décrivant la valence est supérieur au nombre d'OA de valence. Si deux fonctions servent à décrire une OA de valence, la base est appelée VDZ (Valence Double Zeta) et si trois fonctions sont utilisées la base est dite VTZ etc…..

Le programme MOLPRO [8] que nous utilisons dans nos calculs de structure électronique possède une bibliothèque contenant pour chaque atome plusieurs bases de différentes tailles optimisées pour décrire correctement l'état fondamental des atomes neutres. Dans tous nos calculs nous avons utilisé les bases optimisées par Dunning [9,10] et ceci suite à une série de tests dont nous préciserons plus loin le principe. Toutes ces bases sont constituées par des fonctions gaussiennes contractées (voir annexe 2) ce qui nous permet de gagner beaucoup de temps.

II.2.b Equations de Roothaan-Hall

Dans le cadre de l'approximation LCAO, la détermination des orbitales moléculaires se réduit à un problème d'algèbre linéaire où il suffit de déterminer l'ensemble des coefficients C_{vi} du développement (1.21).

Considérons d'abord le cas des molécules à couches complètes où chaque spin-orbitale ϕ_i est doublement occupée et supposons que $\phi_i^{\alpha} = \phi_i^{\beta}$.

Ce traitement est dit **RHF (Restricted Hartree-Fock)**. Les équations matricielles servant à déterminer les C_{vi} peuvent être obtenues en substituant l'expression **(1.21)** dans les équations **(1.20)**.

$$\hat{F} \sum_v^N C_{vi} \chi_v = \varepsilon_i \sum_v^N C_{vi} \chi_v$$

En multipliant à gauche par χ_μ^* et en intégrant, les équations précédentes sont transformées en équations matricielles :

$$\sum_v^N C_{vi} (F_{\mu v} - \varepsilon_i S_{\mu v}) = 0 \qquad (1.22)$$

connues sous le nom des équations de Roothaan-Hall [11].

S est la matrice de recouvrement (de dimension $N \times N$) dont les éléments sont donnés par : $S_{\mu v} = \langle \chi_\mu | \chi_v \rangle$.

Les fonctions χ sont supposées normées et linéairement indépendantes mais elles ne sont pas orthogonales car $0 \leq S_{\mu\nu} \leq 1$.

$F_{\mu\nu} = \langle \chi_\mu | \hat{F} | \chi_\nu \rangle$ est un l'élément de la matrice de Fock (NxN).

En explicitant l'expression de F (1.17), cet élément de matrice s'écrit alors :

$$F_{\mu\nu} = h_{\mu\nu} + \sum_\lambda^N \sum_\sigma^N D_{\lambda\sigma} (\langle \chi_\mu \chi_\lambda | \hat{g}_{12} | \chi_\nu \chi_\sigma \rangle - \langle \chi_\mu \chi_\lambda | \hat{g}_{12} | \chi_\sigma \chi_\nu \rangle) \qquad (1.23)$$

où $D_{\lambda\sigma} = \sum_i^{OM\ .occ} C_{i\lambda} C_{i\sigma}$ est la matrice densité et $h_{\mu\nu} = \langle \chi_\mu | h | \chi_\nu \rangle$

est un élément de la matrice de cœur (relation (1.13)).

D'autre part on a : $\langle \chi_\mu \chi_\lambda | g_{12} | \chi_\nu \chi_\sigma \rangle = \int \chi_\mu(1) \chi_\lambda(2) \hat{g}_{12} \chi_\nu(1) \chi_\sigma(2) d\tau_1 d\tau_2$

Les équations de Roothaan-Hall (1.22) s'écrivent alors :

$$\mathbf{FC = SC\varepsilon}$$

où $\mathbf{C}$ est une matrice carrée des coefficients du développement et ε est un vecteur colonne des énergies orbitalaires.

L'énergie totale en termes d'intégrales sur les fonctions de base est finalement :

$$E_{HF} = \sum_{\mu\nu}^N D_{\mu\nu} h_{\mu\nu} + \frac{1}{2} \sum_{\mu\nu\lambda\sigma}^N (D_{\mu\nu} D_{\lambda\sigma} - D_{\mu\lambda} D_{\nu\sigma}) \langle \chi_\mu \chi_\lambda | \hat{g}_{12} | \chi_\nu \chi_\sigma \rangle \qquad (1.24)$$

La détermination des coefficients $C_{\nu i}$ du développement (1.21) revient à résoudre les équations non linéaires de Roothaan-Hall (1.22) et elle se fait de manière itérative identique à celle utilisée pour les équations de Hatree-Fock (1.20).

- premier essai est fait en prenant une valeur initiale pour les coefficients $C_{\upsilon i}$
- La matrice de Fock est construite puis diagonalisée pour obtenir de nouveaux coefficients et de nouvelles énergies.
- Les nouveaux coefficients sont utilisés pour construire une nouvelle matrice de Fock.

La procédure est répétée jusqu'à convergence des énergies ou des coefficients (seuil à fixer). La résolution des ces équations fournit autant d'orbitales moléculaires que de fonctions de bases alors que le déterminant de Slater qui définit la fonction d'onde totale n'est construit qu'avec les n/2 orbitales occupées par les n électrons car la minimisation de l'énergie totale ne s'étend qu'aux orbitales moléculaires occupées. Donc on obtient davantage d'orbitales ϕ_i qu'il est nécessaire pour construire le déterminant de Slater et les orbitales restantes sont appelées virtuelles et elles seront utilisées pour la description des états excités (voir la partie II.4)

La qualité d'un calcul d'énergie moléculaire utilisant la méthode HF qui vient d'être décrite dépend essentiellement de la qualité de la base utilisée et dans le cas d'une base complète (nombre de fonctions de base infini) on obtient la limite HF. Bien sûr, ceci ne représente pas la solution exacte de l'équation de Schrödinger mais tout simplement la meilleure fonction d'onde monoconfigurentielle possible. Dans la pratique, on ne peut considérer qu'un développement tronqué des orbitales moléculaires car le nombre d'intégrales à calculer croit comme N^4 où N est le nombre de fonctions de base.

II.2.c Méthodes ROHF et UHF

Malgré que le déterminant de Slater obtenu soit fonction propre de l'opérateur de spin S^2, la méthode RHF appliquée à un système à couches ouvertes et appelée **ROHF (Restricted Open Shell Hartree-Fock)** présente un défaut substantiel : alors que les nombres des électrons α et les électrons β sont différents, les parties spatiales sont forcées à être identiques pour chaque couple d'électrons α et β. Cette restriction imposée à la distribution spatiale des électrons n'est pas justifiée dans ce cas et il faut donc attribuer à ces électrons des fonctions spatiales Φ_i^{α} et Φ_i^{β} différentes. On parle alors de la méthode **UHF (Unrestricted Hartree-Fock).** Dans cette méthode, l'approximation LCAO est utilisée pour chaque fonction spatiale :

$$\Phi_i^{\alpha} = \sum_v C_{vi}^{\alpha} \chi_v \qquad \text{et} \qquad \Phi_i^{\beta} = \sum_v C_{vi}^{\beta} \chi_v \qquad (1.25)$$

En procédant de la même façon que dans la méthode RHF on obtient deux systèmes d'équations écrites sous forme matricielle :

$$\boldsymbol{F^{\alpha}C^{\alpha} = SC^{\alpha}\varepsilon^{\alpha}} \quad \text{et} \quad \boldsymbol{F^{\beta}C^{\beta} = SC^{\beta}\varepsilon^{\beta}}$$

Ces équations qui généralisent celles de Roothaan-Hall (1.22) ont été données pour la première fois par Pople and Nesbet [12] et elles doivent être résolues simultanément vu que F^{α} et F^{β} dépendent à la fois de C^{α} et de C^{β}.

L'énergie est alors :

$$E_{HF} = \sum_{\mu\nu}^{N} D_{\mu\nu} h_{\mu\nu} + \frac{1}{2} \sum_{\mu\nu\lambda\sigma}^{N} \left(D_{\mu\nu} D_{\lambda\sigma} - D_{\mu\lambda}^{\alpha} D_{\nu\sigma}^{\alpha} - D_{\mu\lambda}^{\beta} D_{\nu\sigma}^{\beta} \right) \langle \chi_{\mu} \chi_{\lambda} | \hat{g}_{12} | \chi_{\nu} \chi_{\sigma} \rangle \qquad (1.26)$$

La méthode UHF permet de résoudre le problème rencontré avec la méthode RHF quand on étudie la dissociation des molécules diatomiques. Par exemple dans le cas de la molécule d'hydrogène la méthode RHF ne conduit pas à deux atomes H mais à un mélange : 50% $H + H$ et 50% $H^+ + H^-$. Toutefois la méthode UHF présente une contamination de spin car le déterminant de Slater obtenu n'est pas fonction propre de l'opérateur de spin S^2.

II- 3 Limitations de l'approximation HF

La méthode Hartree-Fock permet de donner des ordres de grandeurs corrects des géométries d'équilibre des molécules et d'interpréter qualitativement leurs réactivités chimiques en termes d'orbitales de valence. Toutefois, et même en augmentant indéfiniment la taille de la base, on ne peut pas dépasser la limite HF qui correspond à un extremum mathématique bien défini: c'est la meilleure fonction de type déterminant de Slater au sens du théorème de variation. Ceci est dû à l'idée de base de cette approximation où l'interaction instantanée entre les électrons est remplacée par une interaction moyenne.

Bien que la corrélation électronique soit partiellement prise en compte entre les électrons de même spin (vu le caractère antisymétrique de la fonction d'onde), les électrons de spin opposés restent non corrélés. Ce défaut de corrélation entraîne une surestimation positive de l'énergie totale. La quantité qui manque est appelée énergie de corrélation [13] et elle est donnée par :

$$E_{corr} = E_{exacte} - E_{HF} < 0 \qquad (1.27)$$

Précisons que E_{exacte} est une valeur purement théorique qui correspond à la solution exacte de l'équation de Schrödinger non relativiste. Elle ne diffère de l'énergie exacte expérimentale que par la contribution due aux effets relativistes.

L'importance relative de l'énergie de corrélation par rapport à l'énergie exacte est en moyenne de l'ordre de 1%. Ainsi le modèle HF permet de rendre compte de 99% de l'énergie exacte. Malheureusement cette énergie de corrélation est loin d'être négligeable devant les énergies mises en jeu lors des réactions chimiques. Ainsi, le calcul effectué pour l'état fondamental du radical MgSH (voir la partie 2) donne une énergie de corrélation égale à -5.4 eV alors que l'énergie de transition verticale entre l'état fondamental et le premier état excité $A^2A'-X^2A'$ est de 2.85 eV.

Cette corrélation électronique peut avoir les formes suivantes :

Corrélation dynamique : En supposant deux électrons quasi-indépendants l'électron 1 n'a pas une connaissance de la position de l'électron 2 et la probabilité de trouver les deux électrons au même endroit et au même instant n'est pas nulle alors que réellement ceci est impossible. Il s'ensuit alors une surestimation de la répulsion avec l'autre électron et donc de l'énergie et cet effet est encore accentué pour un système poly-électronique.

Cette corrélation dynamique provient de la surestimation de la répulsion électronique à faible distance et elle comprend :

- *La corrélation radiale* : si un électron est loin du noyau alors l'autre électron a tendance à s'en rapprocher.

- *La corrélation angulaire* : Si un électron possède une probabilité plus grande de se trouver à gauche du noyau alors l'autre électron aura plus de probabilité de se trouver à sa droite.

Corrélation statique : Elle se manifeste souvent à grande distance (par exemple lors de la dissociation moléculaire)

Il s'avère donc que pour avoir des résultats théoriques comparables aux résultats expérimentaux, il faut aller au delà de l'approximation HF en calculant cette énergie de corrélation.

II- 4 Méthodes de traitement de la corrélation électronique

II.4.1 Principe général

Pour aller au delà de la méthode HF, il faut abandonner l'idée des électrons figés dans des OM bien déterminées et il est donc nécessaire de passer à une description multiconfigurentielle en considérant la fonction d'onde totale comme une combinaison linéaire de plusieurs déterminants de Slater :

$$\Phi = a_0 \Psi_{HF} + \sum_l a_l \Psi_l \qquad (1.28)$$

où les Ψ_l sont des déterminants mono (Ψ_S), di (Ψ_D), tri (Ψ_T) excités…. obtenus par remplacement d'une ou plusieurs spin-orbitales occupées au niveau du déterminant de Slater Ψ_{HF} par une ou plusieurs spin-orbitales virtuelles (voir figure 1).

Figure 1 : Exemples de déterminants excités p fois (p = 0, 1 et 2) pour LiH

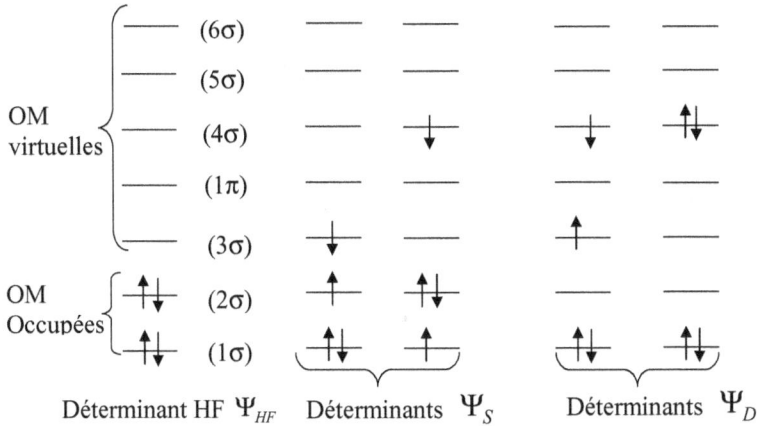

Dans cette figure on donne des exemples de déterminants (Ψ_S) et (Ψ_D) pour la molécule LiH dont le déterminant de Slater est formé à partir des quatre spin-orbitales $(1\sigma)\alpha$, $(1\sigma)\beta$, $(2\sigma)\alpha$, et $(2\sigma)\beta$.

Les méthodes de traitement de la corrélation électronique diffèrent par la façon avec laquelle on détermine les coefficients a_i du développement (1.28), qui représentent les composantes de la fonction d'onde dans une base de déterminants de Slater. Nous décrivons dans la suite les méthodes que nous avons utilisées dans nos calculs.

II.4.2 Interaction de configuration (IC)

Dans cette méthode, la fonction d'onde d'essai s'écrit :

$$\Phi = a_0 \Psi_{HF} + \sum_S a_S \Psi_S + \sum_D a_D \Psi_D + \sum_T a_T \Psi_T \ldots\ldots = \sum_k a_k \Psi_k \qquad (1.29)$$

Seuls les coefficients a_k sont déterminés de manière variationnelle. L'énergie est optimisée sous la contrainte que la fonction d'onde Φ soit normalisée. Comme lors de l'obtention des équations de Roothaan-Hall (1.22), ceci peut être traduit mathématiquement par le moyen des multiplicateurs de Lagrange : $£ = \langle\Phi|\hat{H}|\Phi\rangle - \lambda\{\langle\Phi|\Phi\rangle - 1\} = 0$

où $\langle\Phi|\hat{H}|\Phi\rangle = \sum_k\sum_l a_k a_l \langle\Psi_k|\hat{H}|\Psi_l\rangle = \sum_k\sum_l a_k a_l H_{kl}$ et $\langle\Phi|\Phi\rangle = \sum_k a_k^2$

La procédure variationnelle correspond aux conditions suivantes:

$$\frac{\partial £}{\partial a_l} = 2\sum_l a_l H_{kl} - 2\lambda a_k = 0 \quad \text{pour chaque valeur de } k$$

Ces conditions conduisent aux équations : $\sum_l a_l (H_{kl} - \lambda\delta_{kl}) = 0$ (1.30)

qui peuvent être formulées de manière matricielle: $Ha = Ea$

La résolution des équations séculaires (1.30) revient donc à diagonaliser la matrice d'IC dont les éléments sont notés H_{kl}. Cette diagonalisation conduit à plusieurs valeurs propres dont la plus basse correspond à l'énergie de l'état fondamental et les autres valeurs représentent des approximations supérieures des énergies des états excités (d'après le théorème de McDonald 1933).

Actuellement tous les procédés de calcul d'interaction de configuration reposent sur les propriétés suivantes :

+ L'hamiltonien étant constitué par des opérateurs mono-électroniques et bi-électroniques (cf partie **4.2**), un élément de matrice H_{kl} sera alors non nul si les deux déterminants Ψ_k et Ψ_l diffèrent au maximum par 0, 1 ou deux OM. Les expressions de ces éléments de matrice sont données par les règles de Slater-Condon [14][15][16] :

- $\langle \Psi_k | \hat{H} | \Psi_k \rangle = E_k$: c'est l'énergie du déterminant Ψ_k.

- $\langle \Psi_k | \hat{H} | \Psi_l \rangle = \langle \phi_i | \hat{h} | \phi_a \rangle + \sum_j (\langle \phi_i \phi_j | \hat{g}_{12} | \phi_a \phi_j \rangle - \langle \phi_i \phi_j | \hat{g}_{12} | \phi_j \phi_a \rangle)$

  où une spin-orbitale i dans Ψ_k est remplacée par une spin- orbitale a dans Ψ_l.

- $\langle \Psi_k | \hat{H} | \Psi_l \rangle = \langle \phi_i \phi_j | \hat{g}_{12} | \phi_a \phi_b \rangle - \langle \phi_i \phi_j | \hat{g}_{12} | \phi_b \phi_a \rangle$

  où i et j dans Ψ_k sont remplacés par a et b dans Ψ_l.

- Dans le cas où l'un des déterminants est la fonction d'onde HF il y a une simplification supplémentaire qui est connue sous le nom de théorème de Brillouin [17]: il n'y a pas couplage entre le déterminant HF et un déterminant mono-excité. En effet, en fonction des OM canoniques, cet élément de matrice vaut $\langle \Psi_{HF} | \hat{H} | \Psi_i^a \rangle = \langle \phi_a | \hat{F}_i | \phi_i \rangle$

  Il est nul vu que ϕ_i et ϕ_a sont fonctions propres de l'opérateur de Fock $\hat{F}_i$.

- Si l'hamiltonien considéré ne contient pas de terme faisant intervenir le spin alors il n'y a pas d'interaction entre deux déterminants ayant des spins différents et l'élément de matrice considéré est nul. Comme la plupart de ces déterminants ne sont pas fonctions propres de S^2, il est préférable de construire des combinaisons linéaires de ces déterminants, qui sont fonctions propres à la fois de S_z et de S^2, appelées *configurationnal state functions (CSFs)*. Ceci nous permet de travailler sur de petites matrices plus faciles à diagonaliser.

↳ Concernant la partie spatiale, l'hamiltonien est totalement symétrique et il ne peut pas coupler deux configurations de symétries différentes. Donc les éléments non diagonaux H_{kl} sont nuls si les deux déterminants appartiennent à des représentations irréductibles différentes du groupe de symétrie de la molécule.

Une fois cet arrangement de déterminants effectué, l'évaluation des éléments de matrice entre CSFs peut se faire en utilisant le concept de la seconde quantification [5]. On définit l'opérateur d'excitation orbital par :

$$\hat{E}_{pq} = \sum_i |\phi_p(i)\rangle \langle \phi_q(i)|$$

Par analogie à cet opérateur d'excitation simple, on définit l'opérateur d'excitation double :

$$\hat{E}_{pqrs} = \sum_{i \neq j} |\phi_p(i)\rangle \langle \phi_q(i)| |\phi_r(j)\rangle \langle \phi_s(j)| = \hat{E}_{pq}\hat{E}_{rs} - \delta_{qr}\hat{E}_{ps}$$

L'action des ces opérateurs sur le déterminant HF permet de générer les

$$\Phi_i^a = \hat{E}_{ai}\Phi_{HF}$$

déterminants mono-excités et bi-excités:

$$\Phi_{ij}^{ab} = \hat{E}_{ai}\hat{E}_{bj}\Phi_{HF}$$

En fonction de ces opérateurs l'élément de matrice H_{kl} prend la forme suivante :

$$\langle \Phi_k | \hat{H} | \Phi_l \rangle = \sum_{pq} h_{pq} \gamma_{pq}^{kl} + \frac{1}{2} \sum_{pqrs} \Gamma_{pqrs}^{kl} \langle \phi_p \phi_r | \hat{g}_{12} | \phi_q \phi_s \rangle \qquad (1.31)$$

où h_{pq} et $\langle \phi_p \phi_r | g_{12} | \phi_q \phi_s \rangle$ sont respectivement les intégrales mono et bi-

électroniques et $\gamma_{pq}^{kl} = \langle \Phi_k | E_{pq} | \Phi_l \rangle$ et $\Gamma_{pqrs}^{kl} = \langle \Phi_k | E_{pqrs} | \Phi_l \rangle$ sont des

coefficients de couplage qui ne dépendent que de la forme algébrique

des fonctions électroniques et non de la géométrie de la molécule.

En utilisant la relation (1.29) on obtient finalement l'expression de l'énergie

totale : $E = \sum_{pq} h_{pq} d_{pq} + \frac{1}{2} \sum_{pqrs} D_{pqrs} \langle \phi_p \phi_r | \hat{g}_{12} | \phi_q \phi_s \rangle \qquad (1.32)$

où $d_{pq} = \sum_{kl} a_k a_l \gamma_{pq}^{kl}$ et $D_{pqrs} = \sum_{pqrs} a_k a_l \Gamma_{pqrs}^{kl}$ sont les éléments de la matrice

densité du premier et de second ordre.

Dans la méthode d'interaction de configuration, la prise en compte de tous les

CSFs possibles de 1 à n excités (pour n électrons) conduit à ce qu'on appelle

une IC complète. En considérant une base avec un nombre infini d'OA, l'IC

complète permet en principe la résolution exacte de l'équation de Schrödinger

et donc de récupérer toute l'énergie de corrélation sans qu'il soit même

nécessaire de passer par la méthode HF. Dans la pratique la taille de la

matrice d'IC croit comme M^n pour n électrons et M déterminants et même

pour des petits systèmes, l'IC complète est hors d'atteinte et il est alors

nécessaire de limiter le nombre de déterminants excités considérés. Si on se limite aux excitations simples et doubles à partir du déterminant HF la méthode est appelé **SDCI (Single and Double Configuration Interaction).** L'utilisation des OM canoniques résultant du calcul SCF conduit à une convergence très lente de la méthode SDCI. Pour minimiser le nombre de déterminants à manipuler tout en assurant une meilleure convergence il est préférable d'utiliser des OM appelées orbitales naturelles, qui diagonalisent la matrice densité.

La méthode d'interaction de configuration sera notée respectivement SDTCI , SDTQCI,.... si on tient compte des excitations triples, quadruples,.....et la qualité de cette méthode est améliorée en augmentant le nombre des éléments du développement (1.29). De cette façon on peut avoir jusqu'à 80% de l'énergie de corrélation pour des molécules diatomiques mais l'interaction de configuration reste une méthode basée sur un développement tronqué de la fonction d'onde et qui souffre d'un défaut : Elle n'est ni extensive ni consistante avec la taille c'est-à-dire que pour deux systèmes indépendants l'énergie totale diffère de la somme des énergies.

Dans les situations où la corrélation statique est faible, la théorie HF donne qualitativement une description correcte de la fonction d'onde. Pour la plupart des molécules à l'état fondamental et autour de la géométrie d'équilibre, l'utilisation de cette représentation monoconfigurentielle est un bon point de départ pour traiter les effets de la corrélation dynamique. Dans des situations où il n'y a plus un seul déterminant de Slater qui domine la fonction d'onde (le poids du déterminant HF est inférieur à 0.9) notamment lors de l'étude des états excités, proches de la dissociation ou autour d'un croisement évité. Il faut alors utiliser une représentation multi-configurationnelle de la fonction d'onde de référence.

II.4.3 Méthode Multi-Configuration Self Consistent Field (MCSCF)

II.4.3.a Principe de la méthode

Dans la méthode, **MCSCF (Multi-Configuration Self Consistent Field)** la fonction de référence considérée dans le calcul d'IC est une combinaison de plusieurs déterminants de Slater : $\Phi = \sum_I a_I \Psi_I$ (1.33)

Elle permet plus de flexibilité à la fonction d'onde vu qu'elle peut inclure des OM partiellement occupées permettant ainsi de traduire une partie de la corrélation statique. L'énergie sera alors déterminée de manière variationnelle avec optimisation à la fois des coefficients a_I et des OM servant à la construction des déterminants de Slater Ψ_I.

Cette optimisation simultanée des orbitales et des configurations de référence est nécessaire pour le traitement de la corrélation. D'abord en utilisant plusieurs configurations ayant des contributions similaires à la fonction d'onde totale on couvre une partie de la corrélation statique. Ensuite cette fonction d'onde multi-configurationnelle est une bonne référence pour le traitement de la corrélation dynamique. Toutefois cette séparation entre corrélation statique et dynamique n'est pas aussi simple car les deux effets sont souvent liés.

Le point capital pour la méthode MCSCF est le choix des configurations nécessaires pour la description des propriétés désirées. L'une des meilleures approches est la méthode **CASSCF (Complete Active Space Self Consistent Field**) où il est beaucoup plus facile de faire une sélection des OM plutôt que des CSF. Dans cette méthode l'espace des spin-orbitales obtenues à l'issue du calcul HF est divisé en trois sous-espaces contenant respectivement des OM inactives, actives et externes.(voir figure 2).

Figure 2 : Répartition des OM dans la méthode CASSCF pour la molécule BeO avec une base de dimension 20

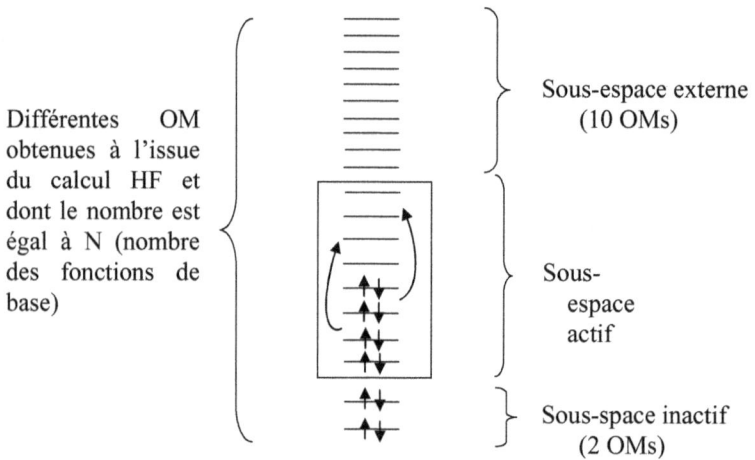

Différentes OM obtenues à l'issue du calcul HF et dont le nombre est égal à N (nombre des fonctions de base)

Sous-espace externe (10 OMs)

Sous-espace actif

Sous-space inactif (2 OMs)

Cette figure correspond à un calcul HF effectué avec une base VDZ (chaque OA est représentée par deux fonctions de base) ce qui donne N = 20 OMs. Les spin-orbitales inactives sont doublement occupées dans toutes les configurations et les OM externes restent inoccupées et n'interviennent pas dans la description de la fonction d'onde de la molécule. Dans le sous-espace actif les électrons restants sont distribués dans les OM actives de façon à générer toutes les CSF possibles. Ceci revient donc à effectuer une IC complète dans ce sous-espace. Outre sa symétrie et sa multiplicité de spin la fonction d'onde est complètement spécifiée une fois l'espace actif est bien défini. Dans la pratique le choix de ces OM actives dépend du problème étudié mais, dans la plupart des cas les orbitales de valence sont suffisantes pour construire l'espace actif.

Cette sélection dans la méthode CASSCF induit une description non équilibrée car elle se limite au traitement de la corrélation dans l'espace actif. Toutefois ce défaut peut être partiellement corrigé dans le cas des petits systèmes si on inclut tous les électrons de valence dans l'espace actif.

II.4.3.b Développement mathématique de cette méthode

La méthode MCSCF est une méthode d'interaction de configuration. On peut donc considérer l'expression de l'énergie donnée par l'équation (1.32) :

$$E = \sum_{pq} h_{pq} d_{pq} + \frac{1}{2} \sum_{pqrs} D_{pqrs} \langle \phi_p \phi_r | \hat{g}_{12} | \phi_q \phi_s \rangle$$

Cette énergie doit être minimisée par rapport à la modification des coefficients a_I et par rapport à la variation des orbitales ϕ. Ce calcul variationnel se fait alors avec les deux contraintes suivantes :

$$\sum_I a_I^2 = 1 \quad : \text{Condition de normalisation}$$

$\langle \phi_p | \phi_q \rangle = \delta_{pq}$: Orthogonalité des OM

La méthode MCSCF fait donc intervenir deux problèmes d'optimisation à la fois :

- Pour les coefficients a_I on utilise la première contrainte et on minimise l'énergie par rapport à ces coefficients. En introduisant les multiplicateurs de Lagrange, on obtient des relations analogues aux équations matricielles (1.30)

$$\sum_J (H_{IJ} - \varepsilon \delta_{IJ}) c_J = 0 \qquad (1.34)$$

- Pour les orbitales, l'approche la plus utilisée consiste à traduire la modification de ces dernières par une transformation unitaire de la forme : $\phi_t = \sum_p \phi_p U_{pt}$ où U est une matrice unitaire. Celle-ci peut être représentée par : $U = \exp(R)$ où $R = -R^\dagger$ est une matrice antisymétrique dont les éléments R_{uv} forment un ensemble de paramètres variationnels indépendants pour la rotation des orbitales.

L'avantage de cette formulation est que toutes les contraintes d'orthogonalité sont automatiquement satisfaites et on peut se passer des multiplicateurs de Lagrange. La variation des OM en fonction de R s'écrit :

$$\left. \frac{\partial \phi_p}{\partial R_{uv}} \right|_{R=0} = \delta_{vp} \phi_u - \delta_{up} \phi_v$$

Sachant que les intégrales h_{pq} et $\langle \phi_p \phi_r | \hat{g}_{12} | \phi_q \phi_s \rangle$ sont respectivement des fonctions quadratiques et quartiques des OM, leurs variations respectives en

fonction de R sont: $\left.\dfrac{\partial h_{pq}}{\partial R_{uv}}\right|R = 0 = (1 - \hat{\tau}_{uv})(1 + \hat{\tau}_{pq})\delta_{vp}h_{uq}$

et $\left.\dfrac{\partial \langle \phi_p \phi_r | \hat{g}_{12} | \phi_q \phi_s \rangle}{\partial R_{uv}}\right|R = 0 = (1 - \hat{\tau}_{uv})(1 + \hat{\tau}_{pq})(1 + \hat{\tau}_{pq,rs})\delta_{vp} \langle \phi_u \phi_r | \hat{g}_{12} | \phi_q \phi_s \rangle$

où l'opérateur $\hat{\tau}_{ij}$ permute les indices i et j.

La condition de minimisation de l'énergie par rapport à la variation des orbitales devient :

$$\left.\frac{\partial E}{\partial R_{uv}}\right|R = 0 = 2(1 - \hat{\tau}_{uv})F_{uv} = 0 \qquad (1.35)$$

avec $F_{uv} = \displaystyle\sum_q d_{vq} h_{uq} + \sum_{qrs} D_{vqrs} \langle \phi_u \phi_r | \hat{g}_{12} | \phi_q \phi_s \rangle$

Les deux équations (1.34) et (1.35) doivent être résolues pour obtenir la fonction d'onde MCSCF.

Notons que :

- pour certaines rotations des orbitales, la condition (1.35) est automatiquement satisfaite. Par exemple si ϕ_u et ϕ_v font partie du sous-espace externe alors l'élément de matrice densité sera nul et ceci est aussi vrai pour une rotation de type interne-interne.

- la relation (1.35) est non linéaire contrairement à l'approche linéaire utilisée dans le calcul CI (équation (1.30)) et la résolution numérique des équations (1.34) et (1.35) se fait habituellement par la méthode de

Newton-Raphson [18][19] qui utilise un développement en série de Taylor de l'énergie en fonction des paramètres qui traduisent la variation de la fonction d'onde. Dans cette méthode, la variation des coefficients CI et les modifications des OM sont représentées par un ensemble de paramètres $\{p_\lambda\}$. L'expression de l'énergie est alors :

$$E(p) = E(0) + \sum_\lambda \frac{\partial E}{\partial p_\lambda}\bigg|_0 p_\lambda + \frac{1}{2}\sum_{\lambda\mu} \frac{\partial^2 E}{\partial p_\lambda \partial p_\mu}\bigg|_0 p_\lambda p_\mu + \ldots\ldots$$

En se limitant à un développement d'ordre 2, cette expression peut s'écrire sous la forme :

$$E(p) = E(0) + \sum_\lambda g_\lambda p_\lambda + \frac{1}{2}\sum_{\lambda\mu} H_{\lambda\mu} p_\lambda p_\mu \qquad (1.36)$$

où $g_\lambda = \dfrac{\partial E}{\partial p_\lambda}\bigg|_0$ est le gradient de l'énergie et $H_{\lambda\mu} = \dfrac{\partial^2 E}{\partial p_\lambda \partial p_\mu}\bigg|_0$

est un élément de la matrice hessienne des dérivées secondes de l'énergie.

La minimisation de l'expression (1.36) de l'énergie se traduit par la résolution des équations suivantes: $\quad g_\lambda + \sum_\mu H_{\lambda\mu} p_\mu = 0 \qquad (1.37)$

Dans cette procédure itérative il faut construire dans chaque itération l'expression de l'énergie, du gradient et de la matrice hessienne ensuite il faut résoudre les équations de Newton-Raphson [18][19]. Celles-ci peuvent avoir des dimensions très grandes et elles sont souvent résolues de manière itérative. Ces itérations sont appelées micro-itérations pour les distinguer des macro-itérations correspondants à la procédure MCSCF globale.

Cette procédure [20][21] est très coûteuse en temps (plusieurs macro-itérations) et elle souffre de problèmes de convergences (le développement (1.36) est valable seulement pour des petits déplacements). Dans une dernière version de la méthode MCSCF, Werner et Knowles [22][23] ont proposé une amélioration qui consiste à inclure dans chaque micro-itération, une optimisation d'une fonctionnelle de l'énergie qui est fonction au second ordre de la variation des OM plutôt que de leurs générateurs $R_{\mu\nu}$. La transformation est alors développée au second ordre sous la forme : $T = U - 1$

L'expression de l'énergie en fonction de T au second ordre est :

$$E^{(2)}(T) = E(0) + 2\sum_{up} T_{up}\left[\sum_q h_{pq}d_{pq} + \sum_{qrs}\langle\phi_u\phi_r|\hat{g}_{12}|\phi_q\phi_s\rangle D_{pqrs}\right]$$

$$+\sum_{up}\sum_{vq} T_{up}T_{vq}\left[h_{up}T_{vq} + \sum_{rs}\langle\phi_u\phi_r|\hat{g}_{12}|\phi_v\phi_s\rangle D_{pqrs} + 2\sum_{rs}\langle\phi_u\phi_s|\hat{g}_{12}|\phi_r\phi_v\rangle D_{pqrs}\right] \tag{1.38}$$

La minimisation de l'énergie par rapport à une variation de R est donnée par la relation : $\left.\dfrac{\partial^2 E^{(2)}(T)}{\partial\Delta R_{up}}\right|\Delta R = 0 = (U^\dagger B - B^\dagger U)_{up} = 0$ \tag{1.39}

où un élément de la matrice B est :

$$B_{up} = 2\left[\sum_{vq} h_{uv}U_{vq}d_{pq} + \sum_{vq}\sum_{rs}\langle\phi_u\phi_r|\hat{g}_{12}|\phi_v\phi_s\rangle U_{uq}D_{qprs} + 2\sum_{uq}\sum_{rs}\langle\phi_u\phi_s|\hat{g}_{12}|\phi_r\phi_v\rangle T_{uq}D_{qspr}\right]$$

Pour optimiser la matrice U, les équations non linéaires (1.39) doivent être résolues de manière itérative. Pour cela, on pose

$\Delta R_{up} = -(U^\dagger B - B^\dagger U)_{up}/D_{up}$ où D_{up} sont les dérivées secondes de l'énergie par rapport à ΔR_{up} en $R = 0$.

Les étapes de la procédure d'itération sont les suivantes :

- l'énergie $E^{(2)}(T)$ (1.38) est développée au second ordre en ΔR en un point défini par une matrice d'essai U.

- la technique *Augmented Hessian* [24] nous permet d'avoir ΔR et donc une nouvelle matrice d'après la relation :

  $U(R,\Delta R) = U(R).U(\Delta R)$

- on obtient alors une autre expression [22] pour l'énergie $E^{(2)}(T,\Delta R)$, et la condition sur ΔR pour que cette énergie soit stationnaire, conduit à une équation linéaire qui se réduit à celle de Newton-Raphson (1.35) pour $U = 1$.

Cette dernière procédure permet, entre autre, d'augmenter le rayon de convergence de la méthode MCSCF en réduisant le nombre d'itérations nécessaires à la convergence de 20 à 3 ou 4 itérations. La méthode MCSCF nous permet aussi de calculer simultanément plusieurs états électroniques de même symétrie ou de symétries différentes [21][25]. La procédure de calcul fait alors intervenir des matrices densité moyennées sur les états considérés :

$$d_{pq} = \sum_n w_n \sum_{kl} a_k^n c_l^n \gamma_{pq}^{kl}$$

$$D_{pq} = \sum_n w_n \sum_{kl} a_k^n c_l^n \Gamma_{pq,rs}^{kl}$$

w_n sont des facteurs de pondération quelconques pour les états n.

L'énergie donnée par le calcul MCSCF sera alors :

$$E = \sum_n w_n E_n \qquad (1.40)$$

Les orbitales moléculaires obtenues à l'issue de ce calcul représentent un compromis pour tous les états électroniques considérés. Comme nous le verrons dans la deuxième partie de ce mémoire, cette description commune permet de calculer les fonctions d'énergie potentielle de plusieurs états de symétries différentes et de vérifier les limites de dissociation. Elle permet aussi l'évaluation des éléments de matrice entre états électroniques différents et en particulier le calcul des moments de transition entre deux états. De même, cette représentation s'impose dans le cas ou il y a de fortes interactions entre états électroniques (croisement évité, intersection conique, levée de dégénérescence......).

II.4.4 Méthode Multi-Reference Configuration Interaction (MRCI)

Dans la méthode MCSCF décrite précédemment on ne cherchait pas à récupérer le maximum de l'énergie de corrélation mais à avoir une description correcte de la variation de cette énergie grâce à des OM mieux adaptées que celles du calcul SCF. Pour un traitement quantitatif de la corrélation électronique on reprend la méthode CI mais en choisissant comme référence la fonction d'onde MCSCF. Cette nouvelle méthode multi-configurationnelle est appelée MRCI. Le calcul CI met en jeu toutes les configurations obtenues par excitations (simples, doubles, triples ......) des déterminants de référence MCSCF. L'ensemble des orbitales permettant la construction des configurations de référence est appelé espace interne et l'ensemble des orbitales occupées par les différentes excitations porte le nom d'espace externe.

La fonction d'onde MRCI s'écrit :

$$\Phi_{MRCI} = \sum_I a_I \Psi_I + \sum_{Sa} a_a^S \Psi_S^a + \sum_{Dab} a_{ab}^D \Psi_D^{ab} + \ldots \ldots \qquad (1.41)$$

où $\Psi_I, \Psi_S^a, et \Psi_D^{ab}$ désignent respectivement des configurations renfermant 0,1 et 2 orbitales externes occupées et les indices a, b correspondent aux orbitales de l'espace externe (non occupées dans toutes les configurations de référence) ; S et D désignent les excitations simples et doubles à partir des configurations de référence. La partition des OM faite au niveau CASSCF (voir figure 2) est reprise ici : l'espace actif formant la référence au calcul MRCI est un sous-espace de l'espace interne. L'autre sous-espace renferme les OM doublement occupées qui ne sont pas corrélées.

Cette méthode engendre un grand nombre de configurations et par conséquent un temps de calcul énorme. Dans la pratique on se limite aux excitations simples et doubles à partir des configurations de référence et la méthode est notée MRCI(SD). Comme dans toute méthode d'interaction de configuration, on cherche à déterminer par un procédé variationnel uniquement les coefficients CI tandis que les orbitales moléculaires sont celles obtenues à l'issue du calcul de référence (MCSCF).

Une autre simplification à apporter à la méthode MRCI(SD) est de fixer un seuil pour le choix des configurations dont les interactions avec les configurations de référence sont les plus importantes.

Pour réduire encore la dimension du problème, qui reste très grande, on contracte certains ensembles de configurations avec des coefficients fixes. Dans cette optique, deux techniques ont été élaborées :

- dans la première, appelée *'external contraction'* (contraction externe) et proposée par Siegbahn [26], toutes les configurations qui ne diffèrent que par leurs parties externes sont contractées. Les coefficients de contraction sont obtenus par la théorie de perturbation au premier ordre. Mais cette méthode conduit à une description médiocre des propriétés mono-électroniques vu que quelques coefficients de contraction sont nuls à cause du théorème de Brillouin.

- la deuxième technique proposée par Meyer [27] puis implémentée dans le programme Molpro [8] par Werner et Reinsch [28], est appelée *'internal contraction'* (contraction interne). Elle consiste en la contraction des configurations qui ont la même partie externe mais des parties internes différentes. Plutôt que de considérer les CSFs simplement et doublement excitée à partir de chaque configuration de référence, les configurations contractées sont obtenues par application d'un opérateur d'excitation double à la fonction d'onde de référence MCSCF. Dans la version de Werner et Knowles [29][30], les configurations issues d'excitations doubles vers l'espace externe sont contractées comme suit :

$$\Psi_{ijp}^{ab} = \frac{1}{2}(\hat{E}_{ai,bj} + p\hat{E}_{bi,aj})\Psi_{REF} \qquad (1.42)$$

La variable de parité p prend la valeur 1 pour un couplage singulet entre les

OM externes a et b et -1 dans le cas d'un couplage triplet. En considérant comme Ψ_{REF} la fonction d'onde MCSCF on obtient

$$\Psi_{ijp}^{ab} = \sum_I c_I (\hat{E}_{ai,bj} + p\hat{E}_{aj,bi})\Psi_I = \sum_I c_I \Psi_{ijp,I}^{ab}$$

Ainsi, si Ψ_{REF} est fonction propre des opérateurs de spin, alors Ψ_{ijp}^{ab} l'est aussi. Cette dernière fonction est généralement non orthonormée et à l'issue d'une orthogonalisation elle sera notée Ψ_{Op}^{ab}.

Le grand avantage de cette _contraction interne_ est que le nombre de configurations dans la fonction CI est indépendant du nombre des configurations de référence et dépend seulement du nombre des orbitales corrélées (actives dans l'espace interne du calcul de référence) et de la taille de la base.

De manière similaire, il est possible de définir des configurations contractées dans l'espace interne et simplement excitées dans l'espace externe mais contrairement aux excitations doubles le nombre de configurations non orthogonales générées est très grand. Ceci implique des difficultés d'orthogonalisation. Aussi l'évaluation des éléments de matrice de l'hamiltonien entre les contractions des excitations simples et doubles vers l'espace externe est très difficile et surtout très coûteuse en temps de calcul. Dans le programme MOLPRO [8] que nous utilisons, on ne considère que des contractions des excitations doubles et la qualité d'un calcul MRCI(SD) utilisant la procédure de contraction interne dépend essentiellement de l'espace de référence.

La nouvelle expression de la fonction d'onde après contraction est :

$$\Phi_{MRCI} = \sum_I a_I \Psi_I + \sum_{Sa} a_a^S \Psi_S^a + \sum_{Dabp} a_{ab}^{Op} \Psi_{Op}^{ab} \qquad (1.43)$$

Les coefficients a_I sont déterminés de manière itérative comme dans toute interaction de configuration. Les incréments correspondants sont donnés par la théorie de perturbation au premier ordre :

$$\Delta a_I = -\frac{\langle \Psi_I | \hat{H} - E | \Phi_{MRCI} \rangle}{\langle \Psi_I | \hat{H} - E | \Psi_I \rangle}$$

$$\Delta a_a^S = -\frac{\langle \Psi_S^a | \hat{H} - E | \Phi_{MRCI} \rangle}{\langle \Psi_S^a | \hat{H} - E | \Psi_S^a \rangle}$$

$$\Delta a_{ab}^{Op} = -\frac{\langle \Psi_{Op}^{ab} | \hat{H} - E | \Phi_{MRCI} \rangle}{\langle \Psi_{Op}^{ab} | \hat{H} - E | \Psi_{Op}^{ab} \rangle}$$

Les nouveaux coefficients permettent de calculer $E = \langle \Phi_{MRCI} | \hat{H} | \Phi_{MRCI} \rangle$ qui permet à son tour de déterminer de nouveaux coefficients et la procédure se poursuit jusqu'à convergence.

La méthode IC-MRCI(SD) (**Internal Contraction Multi-Reference Configuration Interaction Single and Double**) est l'une des méthodes de calcul ab-initio les plus performantes et elle permet de récupérer jusqu'à 90% de l'énergie de corrélation. Toutefois, comme la méthode CISD, le calcul d'énergie par la méthode MRCI conduit à des résultats qui ne sont pas extensifs avec le nombre d'électrons vu qu'il s'agit toujours d'une méthode d'IC basée sur un développement tronqué.

Ceci peut être exprimé par le coefficient de Rayleigh :

$$\mathcal{E} = \frac{\langle \Phi_{MRCI} | \hat{H} - E_{REF} | \Phi_{MRCI} \rangle}{\langle \Phi_{MRCI} | \Phi_{MRCI} \rangle}$$ (1.44)

Dans cette expression le numérateur augmente linéairement avec le taille N du système [13] alors que le dénominateur varie comme $1 + \lambda N$, où λ est une constante, ce qui implique que l'énergie ne varie pas linéairement avec N. La plus simple façon de corriger partiellement ce mauvais comportement est appelée correction Davidson [31] et elle consiste à remplacer le dénominateur de l'expression précédente par 1 une fois la fonction d'onde est déterminée.

Cette correction se traduit par : $\mathcal{E}^{(MRCI + Q)} = \frac{1 - c_0^2}{c_0^2} \mathcal{E}^{MRCI}$

où c_0^2 est le poids de la fonction de référence dans la fonction d'onde CI normalisée finale.

Cette correction permet, de compenser le manque d'excitations quadruples et plus comme l'indique la notation Q, et de couvrir jusqu'à 99% de l'énergie de corrélation.

Malgré toutes ces tentatives la méthode d'interaction de configuration tronquée reste toujours non consistante en taille. Une technique qui permet de résoudre ce problème à été élaborée dans la méthode des clusters couplés.

II.4.5 Méthode des 'Clusters couplés' CC

La méthode des clusters couplés utilisée à l'origine en physique nucléaire [32,33] à été appliquée en chimie quantique par Cizek et Paldus en 1980 [34-36]. En 1982, Purvis et Bartlett [37] ont implémenté un code CCSD (incluant les excitations simples et doubles). L'idée principale de cette méthode est de tenir compte de la corrélation électronique par une correction perturbative d'ordre infini par rapport au calcul HF. la fonction d'onde totale est alors générée à partir de la fonction de référence HF Φ_{SCF} à l'aide d'un opérateur d'excitation de la façon suivante : $\Psi_{CC} = e^{\hat{T}}\Phi_{SCF}$

avec $e^{\hat{T}} = 1 + \hat{T} + \dfrac{1}{2!}\hat{T}^2 + \dfrac{1}{3!}\hat{T}^3 + \ldots\ldots = \displaystyle\sum_{k=0}^{\infty} \dfrac{1}{k!}\hat{T}^k$ \hfill (1.45)

Pour un système à n électrons l'opérateur $\hat{T}$ s'écrit sous la forme d'une somme d'opérateurs d'excitations multiples :

$$\hat{T} = \sum_{p=1}^{n} \hat{T}_p \ .$$

Par action sur la fonction d'onde de référence les différents opérateurs $\hat{T}_p$ permettent de générer tous les déterminants de Slater excités p fois:

$$\hat{T}_1 \Phi_{SCF} = \sum_{i}^{occ} \sum_{a}^{vir} \hat{t}_i^a \Phi_i^a \hfill (1.46)$$

$$\hat{T}_2 \Phi_{SCF} = \sum_{i}^{occ} \sum_{j\rangle i}^{occ} \sum_{a}^{vir} \sum_{b\rangle a}^{vir} \hat{t}_{ij}^{ab} \Phi_{ij}^{ab} \hfill (1.47)$$

Les coefficients d'expansion $\hat{t}$ sont appelés couramment amplitudes car ils sont équivalents aux coefficients a_I de l'expression (1.41). De la même manière on peut écrire des expressions similaires pour l'action des opérateurs d'excitations multiples (triple, quadruple,….).

L'opérateur exponentiel peut être écrit sous la forme suivante :

$$e^{\hat{T}} = 1 + \hat{T}_1 + (\hat{T}_2 + \frac{1}{2}\hat{T}_1^2) + (\hat{T}_3 + \hat{T}_2\hat{T}_1 + \frac{1}{6}\hat{T}_1^3) +$$

$$(\hat{T}_4 + \hat{T}_3\hat{T}_1 + \frac{1}{2}\hat{T}_2^2 + \frac{1}{2}\hat{T}_2\hat{T}_1^2 + \frac{1}{24}\hat{T}_1^4) + \ldots$$

(1.48)

les termes contenus dans cette expression ont les significations suivantes :

- Le premier terme (1) génère la fonction d'onde Φ_{SCF} vu qu'on a considéré une fonction d'onde Ψ_{CC} intermédiaire normalisée (c'est-à-dire que $\langle\Phi_{SCF}|\Psi_{CC}\rangle = 1$).

- $\hat{T}_1$ permet de créer tous les états simplement excités.

- Le terme $(\hat{T}_2 + \frac{1}{2}\hat{T}_1^2)$ permet de générer tous les états doublement excités. Ceux obtenus par $\hat{T}_2$ sont appelés connectés et ceux obtenus par $\hat{T}_1^2$ sont dits non connectés et ce sont ces derniers qui ont numériquement le poids le plus important.

Une interprétation analogue peut être donnée aux autres termes de l'expression (1.48).

Le choix de la fonction exponentielle n'est pas arbitraire car il permet à la méthode CC de converger plus rapidement vers la méthode d'IC complète. C'est le point fort de cette théorie qui permet d'introduire les excitations d'ordres supérieurs à 2 même en utilisant l'expression tronquée de $\hat{T} = \hat{T}_1 + \hat{T}_2$. Ceci permet à la théorie CC d'être consistante en taille contrairement à toute IC incomplète. En effet pour N systèmes identiques indépendants, l'opérateur $\hat{T} = \sum_{\lambda=1}^{N} \hat{T}_{\lambda}$ et la fonction d'onde totale s'écrit

alors : $\Psi(Nsystèmes) = e^{(\hat{T}_1 + \hat{T}_2 + \hat{T}_3 + \ldots)} \Phi_{SCF}(Nsystèmes)$

$$= \left[e^{\hat{T}} \Phi_{SCF}(un\ système) \right]^N$$

donc : *E(Nsystème) = N.E(système)* et la méthode CC même tronquée est consistante en taille.

Contrairement aux méthodes de traitement de la corrélation présentées dans les paragraphes précédents (CI, MCSCF et MRCI), la détermination des amplitudes *t* dans la théorie CC ne peut pas être faite de manière variationnelle mais les équations non linéaires pour les amplitudes sont obtenues de la façon suivante :

L'équation de Schrödinger vérifiée par la fonction d'onde CC est :

$$He^{\hat{T}}\Phi_{SCF} = E_{CC}e^{\hat{T}}\Phi_{SCF} \qquad (1.49)$$

La projection de cette équation sur la fonction d'onde de référence permet de

déduire l'énergie CC : $\qquad E_{CC} = \dfrac{\langle \Phi_{SCF} | \hat{H} e^{\hat{T}} | \Phi_{SCF} \rangle}{\langle \Phi_{SCF} | e^{\hat{T}} \Phi_{SCF} \rangle}$

si on suppose toujours que $\langle \Phi_{SCF} | e^{\hat{T}} \Phi_{SCF} \rangle = 1$

on obtient : $\qquad E_{CC} = \langle \Phi_{SCF} | \hat{H} e^{\hat{T}} | \Phi_{SCF} \rangle$

Sachant que l'hamiltonien ne contient que des opérateurs mono et biélectroniques alors : $E_{CC} = \langle \Phi_{SCF} | \hat{H}(1 + \hat{T}_1 + \hat{T}_2 + \frac{1}{2}\hat{T}_1^2) | \Phi_{SCF} \rangle$

En utilisant les relations (1.46) et (1.47) l'équation précédente se développe en :

$$E_{CC} = E_{SCF} + \sum_i^{occ} \sum_a^{vir} \hat{t}_i^a \langle \Phi_{SCF} | \hat{H} | \Phi_i^a \rangle +$$

$$\sum_i^{occ} \sum_{j\rangle i}^{occ} \sum_a^{vir} \sum_{b\rangle a}^{vir} (\hat{t}_{ij}^{ab} + \hat{t}_i^a \hat{t}_j^b - \hat{t}_i^b \hat{t}_j^a)\langle \Phi_{SCF} | \hat{H} | \Phi_{ij}^{ab} \rangle$$

(1.50)

En considérant les OM du calcul HF, le deuxième terme est nul d'après le théorème de Brillouin et l'expression (1.50) devient:

(1.51)

$$E_{CC} = E_{SCF} + \sum_i^{occ} \sum_{j\rangle i}^{occ} \sum_a^{vir} \sum_{b\rangle a}^{vir} (\hat{t}_{ij}^{ab} + \hat{t}_i^a \hat{t}_j^b - \hat{t}_i^b \hat{t}_j^a)(\langle \phi_i \phi_j | \hat{g}_{12} | \phi_a \phi_b \rangle - \langle \phi_i \phi_j | \hat{g}_{12} | \phi_b \phi_a \rangle)$$

Pour déterminer E_{CC} il suffit alors de connaître les valeurs numériques des amplitudes t des excitations simples et doubles. Les équations permettant de déterminer ces amplitudes sont obtenues par projection de l'équation de Schrödinger (1.49) sur les fonctions d'onde simplement et doublement excitées :

$$E_{CC}\hat{t}_i^a = \langle \Phi_i^a | \hat{H} | 1 + \hat{T}_1 + (\hat{T}_2 + \frac{1}{2}\hat{T}_1^2) + (\hat{T}_3 + \hat{T}_2\hat{T}_1 + \frac{1}{6}\hat{T}_1^3) | \Phi_{SCF} \rangle$$

(1.52)

$$E_{CC}(\hat{t}_{ij}^{ab} + \hat{t}_i^a \hat{t}_j^b - \hat{t}_i^b \hat{t}_j^a) = \langle \Phi_{ij}^{ab} | \hat{H} | 1 + \hat{T}_1 + (\hat{T}_2 + \frac{1}{2}\hat{T}_1^2) + (\hat{T}_3 + \hat{T}_2\hat{T}_1 + \frac{1}{6}\hat{T}_1^3) +$$

(1.53)

$$(\hat{T}_4 + \hat{T}_3\hat{T}_1 + \frac{1}{2}\hat{T}_2^2 + \frac{1}{2}\hat{T}_2\hat{T}_1^2 + \frac{1}{24}\hat{T}_1^4) | \Phi_{SCF} \rangle$$

La résolution des équations de clusters couplées (1.52) et (1.53), se fait de manière itérative en prenant E_{SCF} comme point de départ. Pour déterminer exactement les amplitudes, il faut utiliser tous les termes du développement de $e^{\hat{T}}$. La fonction d'onde Φ_{CC} sera alors identique à celle obtenue par un calcul d'IC complète car les différents opérateurs de clusters permettent de générer tous les déterminants possibles à partir de la fonction de référence Φ_{SCF}. Dans la pratique la méthode CC n'est possible que si on limite le développement de l'exponentielle à un certain ordre. Souvent on s'arrête à l'ordre 2 et la méthode est notée CCSD [38] mais ceci ne limite pas les déterminants aux doublement excités. Par exemple des états quadruplement excités peuvent être générés par la méthode CCSD avec l'opérateur $\hat{T}_2^2$. Celui-ci intervient dans l'expression des amplitudes des excitations doubles (équation (1.53)) et par conséquent l'énergie CC en dépend.

La méthode CCSD peut être encore perfectionnée en tenant compte des excitations supérieures à 2 à travers la théorie des perturbations de Rayleigh-Schrödinger (RSPT) basée sur l'hamiltonien de Fock (Moller-Plesset) [39] et les valeurs des amplitudes t des excitations simples et doubles. Les excitations triples sont introduites dans la méthode CCSD à travers les termes $\hat{T}_1^3$ et $\hat{T}_2\hat{T}_1$ mais leur effet est faible par rapport à celui du terme $\hat{T}_3$ surtout lorsqu'on utilise les OMs canoniques du calcul HF. L'introduction du terme $\hat{T}_3$ dans l'opérateur $\hat{T}$ conduit à la méthode CCSDT [37] [40—48]. Trois variétés de cette méthode sont implémentées dans le programme MOLPRO [8]. Elles sont basées sur un développement perturbatif de l'énergie de corrélation [49] où on ne tient compte que des corrections à partir de l'ordre 4, car les termes inférieurs sont déjà comptabilisés dans la méthode CCSD. Si on tient compte seulement de la correction d'ordre 4 qui est fonction des excitations triples (notée $E_T^{[4]}$), on obtient la méthode CCSD[T]. Si on ajoute en plus la correction à l'ordre 5 en énergie de corrélation et qui est fonction des excitations simples et triples (notée $E_{ST}^{[5]}$) on obtient la méthode CCSD(T). Dans la méthode CCSD-T on ajoute à la CCSD(T) les termes $E_{TT}^{[5]}$ et $E_{TQ}^{[5]}$ [49].

La méthode CCSD(T) représente un bon compromis entre temps de calcul et précision des résultats. Elle peut être appliquée à des systèmes contenant jusqu'à 50 électrons avec des bases assez grandes (autour de 200 fonctions de bases). Dans cette méthode qui sera utilisée par la suite dans le programme MOLPRO [8], les corrections triples (T) font intervenir des termes tels que :

$$\hat{W}_{ijk}^{abc} = \sum_d \langle \phi_b \phi_c | \hat{g}_{12} | \phi_d \phi_k \rangle \hat{t}_{ij}^{ab} - \sum_m \langle \phi_m \phi_c | \hat{g}_{12} | \phi_j \phi_k \rangle \hat{t}_{im}^{ab}$$
$$+ \ permutations \tag{1.54}$$

Les permutations des indices permettent d'obtenir les différentes excitations triples. Ces termes interviennent dans les corrections suivantes:

⬇ d'ordre 4 : $T(4) = \sum_{i>j>k} \sum_{a>b>c} (D_{ijk}^{abc})^{-1} \left| \hat{W}_{ijk}^{abc} \right|^2$

avec $D_{ijk}^{abc} = \varepsilon_i + \varepsilon_j + \varepsilon_k - \varepsilon_a - \varepsilon_b - \varepsilon_c$

où ε_i est la valeur propre de l'opérateur de Fock associé à la spinorbitale i.

↓ d'ordre 5

$$T(5) = \sum_{i>j>k} \sum_{a>b>c} (D_{ijk}^{abc})^{-1} \hat{V}_{ijk}^{abc} \left| W_{ijk}^{abc} \right|$$

où $\hat{V}_{ijk}^{abc} = \langle \phi_b \phi_j | \hat{g}_{12} | \phi_c \phi_k \rangle \hat{t}_i^a$

Le traitement des systèmes à couches ouvertes par la méthode CC est beaucoup plus compliqué vu que dans ce cas il y aura de nouveaux types d'orbitales qui vont induire un nombre plus grand d'excitations. Il se produit en plus le problème de contamination de spin, même si on utilise les fonctions RHF (Restricted Hartree-Fock), car l'opérateur $\hat{T}$ ne commute plus avec S^2.

Ce problème a été partiellement résolu par Knowles et al [50] qui ont développé une théorie qui traite séparément les OM à couches ouvertes et celles à couches fermées du déterminant RHF de Slater à spin maximum (c'est-à-dire que tout électron célibataire a un spin α). Les équations obtenues sont similaires à celles du traitement des systèmes à couches fermées qui a été présenté dans la partie précédente sauf que leur nombre est le triple.

La méthode CC permet de donner la meilleure description de la corrélation électronique à condition toutefois que la fonction d'onde électronique soit bien approximée par un seul déterminant de Slater au niveau du calcul HF. Parmi toutes les méthodes qui traitent la corrélation électronique en utilisant un seul déterminant de Slater comme fonction de référence (méthode des perturbations Moller-Plesset à l'ordre 2 MP2 [39] , CC ou CISD) la théorie CCSD(T) est celle qui donne le meilleur rapport précision des résultats/temps de calcul. Toutefois l'application de cette méthode est limitée à l'état électronique le plus bas de chaque symétrie et de chaque multiplicité de spin.

Dans ce travail les méthodes de calcul ab-intio CCSD(T) et MRCI seront utilisées pour générer les surfaces d'énergie potentielle de l'état fondamental et des états excités de tous les radicaux au voisinage de l'équilibre.

Le but de toutes ces méthodes de calcul est de déterminer dans une première étape, avec le maximum de précision l'énergie électronique $E_{mm}(R)$ de tout système moléculaire pour différentes géométries nucléaires dans le cadre de l'approximation de Born-Oppenheimer. L'étape suivante consiste à résoudre l'équation de Schrödinger nucléaire (1.5). La résolution de cette équation qui fera l'objet du chapitre suivant, nous permet de déterminer le spectre théorique et les constantes spectroscopiques.

Chapitre 2: Problème du mouvement nucléaire pour une molécule triatomique

I- Hamiltonien nucléaire

L'étude du mouvement des noyaux dans le cadre de l'approximation de Born-Oppenheimer revient à résoudre, pour un état électronique donné, l'équation de Schrödinger nucléaire :

$$[\hat{T}_N + E_{mm}(\vec{R})]u_m(\vec{R}) = Eu_m(\vec{R}) \qquad (2.1)$$

où la fonction $E_{mm}(\vec{R})$ représente la surface d'énergie potentielle dans laquelle a lieu le mouvement nucléaire et qui sera notée $V(\vec{R})$ dans toute la suite.

Pour une molécule triatomique les 9 degrés de liberté se répartissent de la façon suivante :

Type de molécule	Vibration	Rotation	Translation
linéaire	4	2	3
Non linéaire	3	3	3

Etant donné que l'énergie potentielle est indépendante de la localisation du centre de masse de la molécule, le mouvement de translation peut être séparé du mouvement interne de la molécule (vibration et rotation) en se plaçant dans le référentiel du centre de masse de la molécule.

La fonction d'onde nucléaire peut alors s'écrire: $u_n(\vec{R}) = \Phi_{rovib}(\vec{R})\Phi_{tr}$

et l'énergie totale se sépare en deux termes : $E = E_{rovib} + E_{tr}$

Dans le référentiel de centre de masse, l'énergie de translation E_{tr} est nulle et l'équation de Schrödinger nucléaire devient :

$$\left[\hat{T}_N + V(\vec{R}) \right] \Phi_{rovib}(\vec{R}) = E_{rovib}\Phi_{rovib}(\vec{R}) \qquad (2.2)$$

Pour résoudre cette équation, on utilise l'expression de l'hamiltonien nucléaire suivante développée par Darling et Denisson [51] et simplifiée par Watson [52]:

$$\hat{H}_N = \frac{1}{2}\sum_{\alpha\beta}\mu_{\alpha\beta}(J_\alpha - \pi_\alpha)(J_\beta - \pi_\beta) + \frac{1}{2}\sum_i P_i^2 - \frac{1}{8}\hbar^2\sum_\alpha\mu_{\alpha\alpha} + V(Q) \qquad (2.3)$$

Cet hamiltonien est développé dans le système des coordonnées normales Q de la molécule (dont le nombre est égal à celui des degrés de vibration de la molécule noté n_{vib}) obtenues à partir des coordonnées cartésiennes par l'intermédiaire des éléments $l_{i,k}$ du tenseur L [53] tel que :

$$\vec{d}_i = \vec{r}_i - \vec{r}_{ie} = \frac{1}{\sqrt{m_i}}\sum_k^{n_{vibr}} l_{i,k}\vec{Q}_k$$

où $\vec{r}_i$ désigne le vecteur position du noyau i dans le référentiel Gxyz lié à la molécule, $\vec{r}_{ie}$ celui qui correspond à sa position d'équilibre et m_i sa masse réduite. On suppose aussi que les deux conditions d'Eckart suivantes [53] sont satisfaites :

- Condition sur la translation :

$$\sum_i m_i \vec{r}_i = 0$$

  qui définit l'origine du repère mobile.

- Condition sur la rotation :

$$\sum_i m_i (\vec{r}_{ie} \times \vec{r}_i) = 0$$

  qui permet de minimiser le couplage de Coriolis entre vibration et rotation. Elle implique aussi que les axes du repère mobile Gxyz sont confondus avec les axes principaux d'inertie de la molécule.

Les différents termes présents dans l'hamiltonien (2.3) sont :

- α, β ...... correspondent aux notations des axes x, y ou z.

- J_α est une composante du moment angulaire total J

- $P_i = \dfrac{\partial T}{\partial \dot{Q}_i}$ est le moment conjugué de la coordonnée normale de vibration Q_i

- T est l'énergie cinétique et $\dot{Q}_i$ est la dérivée temporelle de Q_i

- π_α représente une composante du moment angulaire de vibration définie par : $\pi_\alpha = \sum_{kl} \zeta_{kl}^\alpha Q_k P_l$ où les coefficients de couplage de Coriolis entre Q_k et Q_l par rotation autour de l'axe α sont donnés par :

67

$$\zeta_{kl}^{\alpha} = -\zeta_{lk}^{\alpha} = \sum_{i}(l_{i\beta,k}l_{i\gamma,l} - l_{i\gamma,k}l_{i\beta,l})$$

$l_{i\beta,k}$ sont les coefficients de transformation des coordonnées cartésiennes pondérées en coordonnées normales définies précédemment.

- $\mu_{\alpha\beta}$ est un élément du tenseur (μ) inverse du tenseur effectif d'inertie d'élément $I_{\alpha\beta}$ tel que $\mu_{\alpha\beta} = (I)_{\alpha\beta}^{-1}$

Enfin pour la fonction d'énergie potentielle $V(Q)$ on utilise le développement donné par la relation :

$$V(Q) = \frac{1}{2}\sum_{i=1}^{n_{vib}}\lambda_i Q_i^2 + \frac{1}{3!}\sum_{ijk}^{n_{vib}}\Phi_{ijk}Q_iQ_jQ_k + \sum_{ijkl}^{n_{vib}}\Phi_{ijkl}Q_iQ_jQ_kQ_l + \ldots\ldots \qquad (2.4)$$

Le terme $\dfrac{1}{8}\hbar^2\sum_{\alpha}\mu_{\alpha\alpha}$ de l'expression (2.3) sera négligé dans la suite car il est du même ordre de grandeur que les termes omis dans l'approximation de Born-Oppenheimer.

Nous avons résolu l'équation de Schrödinger nucléaire (2.2) pour des molécules triatomiques par deux méthodes ; l'une pertubative et l'autre variationnelle

II- Méthode perturbative

II-1 Principe de cette méthode

Dans cette méthode on utilise les développement de Taylor de $V(Q)$ et de μ à la géométrie d'équilibre des noyaux en fonction des coordonnées normales sans dimension:

$q_i = \sqrt{\sqrt{\lambda_i}} Q_i$ et de leurs moments conjugués $p_i = \sqrt{\sqrt{\dfrac{1}{\lambda_i}}} P_i$:

$$V(Q) = \frac{1}{2}\sum_{i=1}^{n_{vib}} \omega_i q_i^2 + \frac{1}{3!}\sum_{ijk}^{n_{vib}} \Phi_{ijk} q_i q_j q_k + \sum_{ijkl}^{n_{vib}} \Phi_{ijkl} q_i q_j q_k q_l + \ldots\ldots \qquad (2.5)$$

$$\mu_{\alpha\beta} = B_\alpha + \sum_{i}^{n_{vib}} B^i_{\alpha\beta} q_i + \ldots\ldots \qquad (2.6)$$

où $B_\alpha = \mu^0_{\alpha\beta}$ et $B^i_{\alpha\beta} = (\dfrac{\partial \mu_{\alpha\beta}}{\partial q_i})_0$

ω_i est le nombre d'onde harmonique du mode normal i et $\lambda_i = (2\pi c \omega_i)^2$.

Avec les développements précédents poussés jusqu'à l'ordre 4 en fonction des coordonnées normales q_i, l'expression de l'hamiltonien nucléaire (2.3) peut se mettre sous la forme [53] : $\hat{H}_N = \sum_{m=0}^{4} \sum_{n=0}^{2} \hat{H}_{mn}$ \qquad (2.7)

où $\hat{H}_{mn}$ peut être symboliquement écrit comme : $\hat{H}_{mn} = (q_i, p_i)^m J_\alpha^n$

q_i est la coordonnée normale sans dimension et p_i son moment conjugué.

En développant l'hamiltonien on obtient les termes suivants :

$$\hat{H}_N = \hat{H}_{02} + \hat{H}_{20} + \hat{H}_{12} + \hat{H}_{22} + \hat{H}_{21} + \hat{H}_{30} + \hat{H}_{40}$$

avec

$$\hat{H}_{02} = \sum_{\alpha} B_{\alpha} J_{\alpha}^{2}$$

$$\hat{H}_{12} = \sum_{\alpha\beta} \sum_{i} B_{\alpha\beta}^{i} q_i J_{\alpha} J_{\beta}$$

$$\hat{H}_{22} = \frac{3}{8} \sum_{\alpha\beta\gamma} \sum_{ij} B_{\gamma}^{-1} (B_{\alpha\gamma}^{i} B_{\beta\gamma}^{j} + B_{\alpha\beta}^{j} B_{\alpha\beta}^{i}) q_i q_j J_{\alpha} J_{\beta}$$

$$\hat{H}_{21} = -2 \sum_{ij} \sqrt{\frac{\omega_j}{\omega_i}} q_i p_j \sum_{\alpha} B_{\alpha} \zeta_{ij}^{\alpha} J_{\alpha}$$

$$\hat{H}_{20} = \frac{1}{2} \sum_{i} \omega_i (p_i^2 + q_i^2)$$

$$\hat{H}_{30} = \frac{1}{6} \sum_{ijk} \Phi_{ijk} q_i q_j q_k$$

$$\hat{H}_{40} = \frac{1}{24} \sum_{ijkl} \Phi_{ijkl} q_i q_j q_k q_l + \sum_{\alpha} \pi_{\alpha}^{2}$$

La signification physique de ces différents termes est la suivante : $\hat{H}_{02}$ représente l'approximation du rotateur rigide, $\hat{H}_{12}$ et $\hat{H}_{22}$ sont les opérateurs de distorsion centrifuge, $\hat{H}_{21}$ décrit l'interaction de Coriolis entre la vibration et la rotation, $\hat{H}_{20}$ est l'opérateur de l'oscillateur harmonique et $\hat{H}_{30}$ et $\hat{H}_{40}$ décrivent l'anharmonicité des vibrations moléculaires.

L'obtention des valeurs propres et des fonctions propres de l'hamiltonien nucléaire (2.3) se fait par diagonalisation de sa matrice représentative dans une base Φ^0_{rovib} (voir la partie II-2) des fonctions propres de $\hat{H}_0$ (voir ci-dessous). La méthode perturbative proposée par Papousek, Aliev [54] est basée sur les transformations de contact successives. A l'aide d'une transformation unitaire $U = e^{i\hat{S}}$, on remplace l'hamiltonien nucléaire $\hat{H}_N$ par

$\tilde{H}_N$ qui est diagonal par bloc dans la base Φ^0_{rovib} avec $\tilde{H}_N = e^{i\hat{S}} \hat{H}_N e^{-i\hat{S}}$

L'hamiltonien nucléaire est alors écrit sous la forme

$\hat{H}_N = \hat{H}_0 + \lambda \hat{H}_1 + \lambda^2 \hat{H}_2 + ...$ où λ est un réel compris entre 0 et 1 et

$$\hat{H}_0 = \hat{H}_{02} + \hat{H}_{20}$$

et
$$\hat{H}_1 = \hat{H}_{12} + \hat{H}_{21} + \hat{H}_{30}$$

$$\hat{H}_2 = \hat{H}_{22} + \hat{H}_{40}$$

$\hat{H}_1$ et $\hat{H}_2$ ne sont pas diagonaux dans la base Φ^0_{rovib}. La première transformation de contact tend à rendre $\hat{H}_1$ diagonal dans cette base, pour cela

on pose $\tilde{H}_N^1 = e^{i\lambda\hat{S}_1} \hat{H}_N e^{-i\lambda\hat{S}_1}$ et $e^{i\lambda\hat{S}_1} = 1 + i\lambda\hat{S}_1 - \frac{1}{2}\lambda^2\hat{S}_1^2 + ..$

on peut alors écrire : $\tilde{H}_N^1 = \tilde{H}_0^1 + \lambda\tilde{H}_1^1 + \lambda^2\tilde{H}_2^1 + ...$

avec $\tilde{H}_0^1 = \hat{H}_0$, $\tilde{H}_1^1 = \hat{H}_1 + i[\hat{S}_1, \hat{H}_0]$

et $\tilde{H}_2^1 = \hat{H}_2 + i[\hat{S}_1, \hat{H}_1] - \frac{1}{2}[\hat{S}_1, [\hat{S}_1, \hat{H}_0]]$

Au cours de la deuxième transformation on procède de la même façon et on obtient : $\tilde{H}_0^2 = \hat{H}_0$, $\tilde{H}_1^2 = \hat{H}_1^1$, $\tilde{H}_2^2 = \hat{H}_2^1 + i[\hat{S}_2, \hat{H}_0]$ et ainsi de suite…

$H^\infty = \tilde{H}_N$ sera alors l'hamiltonien final diagonal par bloc qui peut s'écrire :

$$\tilde{H}_N = \tilde{H}_0 + \lambda \tilde{H}_1 + \lambda^2 \tilde{H}_2 + ..$$

où $\tilde{H}_0 = \hat{H}_0$, $\tilde{H}_1 = \hat{H}_1^1$ et $\tilde{H}_2 = \hat{H}_2^2$ et $\hat{S} = \lambda \hat{S}_1 + \lambda^2 \hat{S}_2 + ...$

Cet hamiltonien peut être écrit de manière analogue à $\hat{H}_N$ sous la forme

$$\tilde{H}_N = \sum_{m=0}^{\infty} \sum_{n=0}^{\infty} \tilde{H}_{mn} \tag{2.8}$$

Les principaux termes obtenus sont:

- *Pour la rotation*

$\tilde{H}_{02} = \hat{H}_{02}$ correspond à la rotation pure

et $\tilde{H}_{04} = \dfrac{1}{4} \sum_{\alpha,\beta,\gamma,\delta} \tau_{\alpha\beta\gamma\delta} J_\alpha J_\beta J_\gamma J_\delta$ représente le terme de distorsion

centrifuge quartique.

- *Pour la vibration pure*

$$\tilde{H}_{vib} = \hat{H}_{20} + \hat{H}_{40} + \hat{H}_{30}$$

Il faut noter que $\hat{H}_{30}$ n'a que des termes non diagonaux dans la représentation des fonctions de l'oscillateur harmonique.

$\tilde{H}_{04}$ et $\tilde{H}_{22}$ correspondent à l'interaction *vibration-rotation*

Nous allons présenter maintenant les résultats détaillés du calcul perturbatif pour les différents types de mouvement nucléaire en considérant les différents termes de l'hamiltonien (2.8).

II-2 Rotation et vibration des molécules triatomiques

Dans cette étude les systèmes de coordonnées adoptés sont les suivants :

Le mouvement de rotation est décrit en spécifiant les orientations de la molécule relativement à un système d'axe GXYZ ayant pour origine le centre de masse de la molécule et dont les axes gardent une direction fixe dans l'espace (il subit une translation avec la molécule sans effectuer aucune rotation).

Le mouvement de vibration est décrit dans un système d'axe Gxyz lié à la molécule (qui tourne aussi avec la molécule) appelé en anglais *"molecule fixed axis"*. Celui-ci est adopté aussi pour la fonction énergie potentielle.

On va étudier d'abord les rotations et vibrations pures puis on va tenir compte des différents termes de couplage.

II-2-1 Rotation moléculaire

A- Rotateur rigide

La molécule est considérée comme un ensemble de noyaux de distances relatives fixes qui peuvent tourner autour des trois axes du repère GXYZ défini précédemment. Dans un repère (Gabc) dont les axes a, b, et c sont confondus avec les axes principaux d'inertie, l'hamiltonien de rotation pure $\hat{H}_{02}$ prend la forme :

$$\hat{H}_{02} = \hat{H}_{rot} = \frac{\hat{L}_a^2}{2I_a} + \frac{\hat{L}_b^2}{2I_b} + \frac{\hat{L}_c^2}{2I_c} \qquad (2.9)$$

où I_a, I_b, et I_c sont les moments d'inertie principaux de la molécule et $\hat{L}$ le moment angulaire de rotation avec : $\hat{L}^2 = \hat{L}_a^2 + \hat{L}_b^2 + \hat{L}_c^2$

Selon les propriétés de symétrie de la molécule on peut distinguer différents cas dont :

A-1 Toupie symétrique

Dans ce cas deux moments d'inertie sont égaux. Supposons que $I_b = I_c$ alors Ga est un axe de symétrie et l'hamiltonien est :

$$\hat{H}_{rot} = \frac{\hat{L}^2}{2I_b} + \frac{\hat{L}_a^2}{2}(\frac{1}{I_a} - \frac{1}{I_b}) \qquad (2.10)$$

Les constantes rotationnelles sont prises par convention dans l'ordre suivant :

$$A_e = \frac{h}{8\pi^2 I_a^e c} \geq B_e = \frac{h}{8\pi^2 I_b^e c} \geq C_e = \frac{h}{8\pi^2 I_c^e c} \qquad (2.11)$$

Les opérateurs L^2 et L_a commutent et ils admettent une base commune de fonctions propres Φ_{rot} tel que:

$$L^2\Phi_{rot} = J(J+1)\hbar^2\Phi_{rot}$$

$$L_a\Phi_{rot} = K\hbar\Phi_{rot} \tag{2.12}$$

et les fonctions propres Φ_{rot} ont pour expression :

$$\Phi_{J,K,M}(\theta,\varphi,\chi) = N_{J,K,M}\Theta_{J,K,M}(\theta)e^{iM\varphi}e^{iK\chi} \tag{2.13}$$

$J = 0, 1, 2, \ldots$ est le nombre quantique rotationnel, M et K sont des entiers qui définissent la projection du moment angulaire de rotation L respectivement sur les axes GZ fixe et Ga liés à la molécule et qui vérifient les conditions $-J \le M \le J$ et $-J \le K \le J$. Dans ce cas Ga, est l'axe de symétrie de la molécule et les niveaux de rotation sont donnés par la relation :

$$F(J,K) = B_eJ(J+1) + (A_e - B_e)K^2 \tag{2.14}$$

Si l'axe de symétrie est Gc, alors on obtient une formule analogue :

$$F(J,K) = B_eJ(J+1) + (C_e - B_e)K^2 \tag{2.15}$$

Dans le cas précédent où $(A_e - B_e) > 0$, la toupie est dite allongée alors que dans le cas où $(C_e - B_e) < 0$ la toupie est dite aplatie.

D'après ces deux formules, on remarque que l'énergie d'une toupie symétrique dépend de J et de $|K|$ (avec $J \ge |K|$). Pour une valeur déterminée de J, il y a $(2J + 1)$ valeur de M et comme l'énergie ne dépend que de la valeur absolue de K, chaque niveau noté J_K est alors $2(2J+1)$ fois dégénéré (sauf pour $K = 0$).

A-2 Cas des molécules linéaires :

Une molécule linéaire est un cas particulier d'une toupie symétrique ayant un axe de symétrie C_∞. Le moment d'inertie par rapport à l'axe internucléaire I_a est nul et le nombre quantique K doit être nul. L'expression de l'énergie est équivalente à celle des molécules diatomiques et elle vaut :

$$F(J) = B_e J(J+1) \tag{2.16}$$

Chaque niveau d'énergie est $(2J + 1)$ fois dégénéré car $-J \leq M \leq J$ et $K = 0$. Toute molécule linéaire dans un état électronique autre que $^1\Sigma^+$ admet un moment angulaire électronique par rapport à l'axe internucléaire. Celui-ci peut se coupler avec les autres moments angulaires de la molécule et selon l'importance de ces couplages, on distingue plusieurs cas dont la classification a été faite pour la première fois par F. Hund [56]. L'effet de la présence d'un moment angulaire de vibration sera discuté plus tard et on se limite ici au deux cas [57] qui nous vont nous intéresser par la suite.

A-2.1 Cas (a) de Hund

Dans ce cas, le champ électrique moléculaire est très intense et possède une symétrie axiale définie par l'axe internucléaire autour duquel précesse le moment angulaire électronique $\vec{L}$ qui admet $\vec{\Lambda}$ comme projection sur cet axe. D'autre part, à cause du champ magnétique associé au moment orbitalaire, le moment angulaire de spin $\vec{S}$ précesse lui aussi autour de l'axe internucléaire et admet $\vec{\Sigma}$ comme projection sur cet axe. Les deux moments $\vec{\Lambda}$ et $\vec{\Sigma}$ bien définis et non nuls, se composent pour donner une résultante $\vec{\Omega}$ (avec $\Omega = |\Lambda + \Sigma|$). Ce dernier moment angulaire $\vec{\Omega}$ se couple au moment angulaire de rotation $\vec{R}$ pour former le moment angulaire total $\vec{J} = \vec{\Omega} + \vec{R}$ (voir figure1).

L'énergie de rotation, dans ce cas, peut être obtenue à partir de celle d'une toupie symétrique en remplaçant l'effet de la présence des noyaux hors de

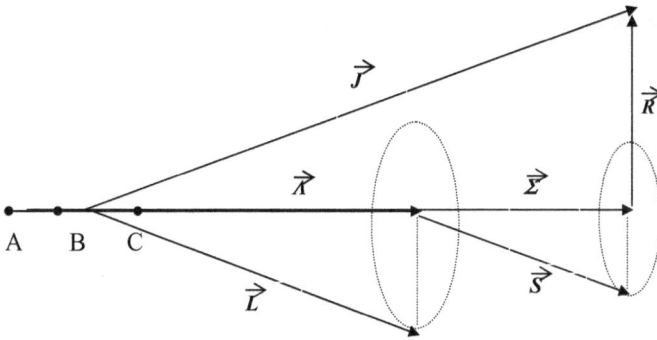

Figure1 : Couplage de type (a) pour une molécule triatomique linéaire ABC

l'axe (le terme en K^2 dans (2.13)), par l'effet des électrons (terme en Ω^2)

$$F(J,\Omega) = B_e[\, J(J+1) \, - \Omega^2) \qquad (2.17)$$

avec $J = \Omega, \Omega + 1, \Omega + 2, \ldots\ldots$

C'est le cas de la plupart des molécules avec $\Lambda > 0$ et en particulier les radicaux HBeO, HMgO et HMgS dans leurs états fondamentaux $X^2\Pi$.

A-2-2 Cas (b) de Hund

Ce cas concerne les molécules pour lesquelles le vecteur $\vec{S}$ est ou bien très faiblement couplé avec le champ électrique moléculaire ou non couplé du tout (dans le cas des états Σ). Les nombres quantiques Σ et Ω ne sont plus définis, il se produit alors un couplage entre les vecteurs $\vec{\Lambda}$ et $\vec{R}$. Le moment résultant est noté $\vec{K}$ et le nombre quantique correspondant K peut prendre les valeurs Λ, $\Lambda + 1$, $\Lambda + 2$, ... Ensuite il se produit un couplage entre $\vec{K}$ et $\vec{S}$ pour former le moment total $\vec{J}$ et le nombre quantique J peut prendre les valeurs allant de $K + S$ à $|K - S|$ (voir figure2).

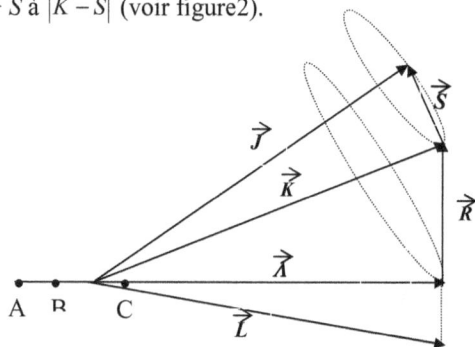

Figure2 : Couplage de type (b) pour une molécule triatomique linéaire ABC

Ce configuration correspond aux radicaux HBeO, HMgO et HMgS dans leurs premiers états excités $A^2\Sigma^+$.

Les niveaux d'énergie dans ce cas sont donnés en première approximation

par la relation :
$$F(K) = B_e[\,K(K+1) - \Lambda^2\,) \qquad (2.18)$$

Pour les états $^2\Sigma$ le nombre quantique J peut prendre les deux séries de

valeur $K + \dfrac{1}{2}$ et $K - \dfrac{1}{2}$ et les niveaux rotationnels correspondants sont donnés respectivement par les deux expressions proposées par Hund et Van Velck [58,59]:

$$F_1(K) = B_e K(K+1) + \frac{1}{2}\gamma K \qquad (2.19)$$

$$F_2(K) = B_e K(K+1) - \frac{1}{2}\gamma(K+1) \qquad (2.20)$$

où γ est une constante très faible par rapport à la constante rotationnelle B_e, qui introduit une faible perturbation des niveaux de vibrations mais les deux composantes ont des parités différentes $(-1)^K$ pour les états Σ^+ et $(-1)^{K+1}$ pour les états Σ^-.

A-3 Toupie asymétrique

Ceci est le cas de toutes les molécules pour lesquelles les trois moments d'inertie sont différents. $\vec{L}$ est toujours une constante de mouvement et M reste un bon nombre quantique mais, contrairement au cas des toupies symétriques il n'y a plus une direction fixe dans la molécule par rapport à la quelle $\vec{L}$ admet une projection constante. En d'autres termes l'opérateur L_a ne commute plus avec l'hamiltonien (2.9) et K n'est plus un bon nombre quantique.

La méthode de séparation des variables appliquée dans les cas des toupies symétriques n'est plus possible et l'obtention des niveaux d'énergie rotationnelle se fait de la manière suivante [60]: on développe la fonction d'onde rotationnelle de la toupie asymétrique dans une base complète de fonctions d'onde de la toupie symétrique (relation (2.13)) puis on procède à la diagonalisation de l'hamiltonien dans cette base.

On obtient généralement $(2J + 1)$ racines différentes pour chaque valeur de J et pour les distinguer on introduit un paramètre supplémentaire τ tel que $-J \leq \tau \leq J$ et chaque fonction d'onde asymétrique est alors une combinaison linéaire de $(2J + 1)$ fonctions symétriques correspondant à la même valeur de J et de M.

La toupie asymétrique peut alors être considérée comme une situation

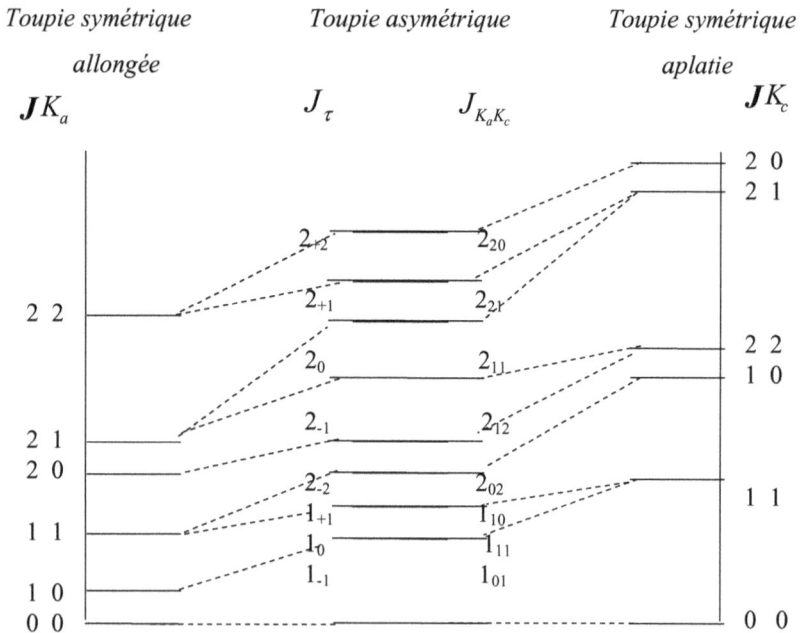

Figure3 : Diagramme de corrélation entre les niveaux d'énergie des toupies symétriques et asymétrique.

intermédiaire entre une toupie symétrique allongée et une toupie symétrique aplatie. En effet, pour une toupie symétrique allongée on a $B_e = C_e$ et pour une toupie aplatie on a $B_e = A_e$, alors que pour une toupie asymétrique, B_e peut prendre toutes les valeurs comprises entre A_e et C_e. Cette correspondance peut être montrée sur le diagramme de corrélation de la figure 3 qui nous permet de donner une description qualitative vu qu'il n'existe pas de formule simple donnant les niveaux rotationnels pour une toupie asymétrique quelconque.

Dans cette figure on place à gauche les premiers niveaux d'énergie pour une toupie symétrique allongée où le nombre quantique K est noté K_a pour dire que l'axe de symétrie de la molécule est Ga. On fait de même à droite pour la toupie symétrique aplatie avec, dans ce cas, K est noté K_c.

Les niveaux d'énergie de la toupie asymétrique sont notés J_τ ou $J_{K_a K_c}$ où $\tau = K_a - K_c$. Etant donné que $A_e - B_e > 0$ pour la toupie allongée et que $C_e - B_e < 0$ pour la toupie aplatie alors, en utilisant les expressions (2.14) et (2.15) et pour un même J, les niveaux d'énergie sont fonctions croissantes de K_a et fonctions décroissantes de K_c. L'écart à la toupie symétrique est donné par le paramètre d'asymétrie de Ray défini par: $\kappa = \dfrac{(2B_e - A_e - C_e)}{A_e - C_e}$

Il est compris entre la valeur -1 (toupie allongée) et +1 (toupie aplatie).

Notons ici que pour la toupie asymétrique il y a une levée de dégénérescence des niveaux d'énergie des toupies symétriques pour $K \neq 0$. Remarquons aussi, d'après la figure 3, que dans l'ordre croissant des énergies de rotation de la toupie symétrique K_a prend les valeurs $0, 1, \ldots J-1, J$ alors que K_c prend les valeurs $J, J-1, \ldots 1, 0$.

B- Rotateur non rigide

Dans l'approximation du rotateur rigide on a négligé le déplacement des noyaux par rapport à leurs positions d'équilibre sous l'effet de la rotation, appelé déformation centrifuge. En effet quand J augmente la molécule tourne de plus en plus vite et les distances internucléaires augmentent sous l'effet des forces centrifuges. La molécule est alors considérée comme un rotateur non rigide et la déformation centrifuge est introduite dans l'hamiltonien comme perturbation par l'intermédiaire des termes $\hat{H}_{12}$ et $\hat{H}_{22}$ de l'expression (2.7) Les expressions de l'énergie corrigées (sans tenir compte du couplage avec le mouvement électronique) sont données par [61] :

- Pour une molécule linéaire :

$$F(J) = [B_e - D_e J(J+1)]J(J+1) \tag{2.21}$$

Cette expression rend compte du fait que le moment d'inertie augmente quand la molécule tourne plus vite (pour des valeurs croissantes de J). Il s'ensuit que la constante rotationnelle diminue et prend la nouvelle valeur $B_e - D_e J(J+1)$. La constante D_e appelée constante de distorsion centrifuge est faible par rapport à B_e et elle vaut $\dfrac{4 B_e^{\,3}}{\omega_e^{\,2}}$, ω_e étant la fréquence de vibration harmonique.

- Pour une toupie symétrique non rigide [61] :

$$F(J,K) = B_e J(J+1) + (A_e - B_e)K^2 - D_J J^2(J+1)^2$$
$$- D_{JK} J(J+1)K^2 - D_K K^4 \qquad (2.22)$$

Par rapport au cas de la molécule linéaire il y a deux termes supplémentaires qui apparaissent a cause de la dépendance de l'énergie en fonction du nombre quantique K.

II-2-2 Vibration moléculaire

Pour l'étude de la vibration on se place dans le référentiel Gxyz lié à la molécule et qui tourne avec elle. Les noyaux effectuent alors des déplacements autour de leurs positions d'équilibre. La résolution de l'équation de Schrödinger de vibration $\hat{H}_{vib}\Phi_{vib} = E_{vib}\Phi_{vib}$ n'est pas facile en coordonnées cartésiennes, et la recherche des fonctions et des valeurs propres de cet hamiltonien se fait généralement dans le système de coordonnées normales Q_i. Dans ce système de coordonnées, l'hamiltonien de vibration est constitué des trois termes $\hat{H}_{20}$, $\hat{H}_{30}$ et $\hat{H}_{40}$ et a pour expression:

$$\hat{H}_{vib} = \sum_{i=1}^{n_{vib}} \frac{1}{2}\dot{Q}_i^2 + \frac{1}{2!}\sum_{i=1}^{n_{vib}} \lambda_i Q_i^2 + \frac{1}{3!}\sum_{ijk}^{n_{vib}} \Phi_{ijk} Q_i Q_j Q_k + \ldots\ldots\ldots (2.23)$$

Dans cette expression le premier terme correspond à l'énergie cinétique des noyaux alors que les termes suivants correspondent au développement en série de Taylor de l'énergie potentielle V au niveau du minimum de la surface de potentiel électronique pris comme origine (relation (2.4)). $\dot{Q}_i$ représente le moment conjugué de Q_i, λ_i et Φ_{ijk} sont les constantes de forces respectivement harmoniques et anharmoniques.

Au voisinage de l'équilibre, le problème de la vibration moléculaire peut être résolu en deux étapes : on se place d'abord dans le cadre de l'approximation harmonique puis on introduit l'anharmonicité comme perturbation.

A- Approximation harmonique

Dans l'hypothèse harmonique on néglige

$$\hat{H}_{40} + \hat{H}_{30} = \frac{1}{3!} \sum_{ijk}^{n_{vib}} \Phi_{ijk} Q_i Q_j Q_k + \ldots \ldots \ldots$$

contenant les termes d'ordre supérieur à 2 du développement de V (relation (2.4)) et qui représentent le termes d'anharmonicité. L'hamiltonien (2.23) se

réduit à : $\hat{H}_{vib} = \tilde{H}_{20} = \sum_{i=1}^{n_{vib}} \frac{1}{2}(\dot{Q}_i^2 + \lambda_i Q_i^2)$ \hfill (2.24)

et qui peut être écrit sous la forme $\hat{H}_{vib} = \sum_{i=1}^{n_{vib}} \hat{H}_{vibr}^{i}$

où $\hat{H}_{vib}^{i} = \frac{1}{2}(\dot{Q}_i^2 + \lambda_i Q_i^2)$ correspond à l'hamiltonien d'un oscillateur

harmonique simple à une dimension.

Cette séparation des variables nous permet d'écrire:

$$E_{vib} = \sum_{i}^{n_{vib}} E_{vib}^{i} \text{ et } \Phi_{vib} = \prod_{i}^{n_{vib}} \Phi_{vib}^{i} \text{ avec } E_{vib}^{i} = (\upsilon_i + \frac{d_i}{2})h\nu_i \quad (2.25)$$

et $\Phi_{vib}^{i} = \dfrac{1}{(2^{\upsilon_i} \upsilon_i!)^{\frac{1}{2}}}(\dfrac{\alpha_i}{\pi})^{\frac{1}{4}} e^{-\alpha_i Q_i^2} H_{\upsilon_i}(\upsilon_i^{\frac{1}{2}} Q_i)$ \hfill (2.26)

$\alpha_i = \dfrac{2\pi v_i}{\hbar}$, v_i est la fréquence propre du mode de vibration i et $v_i = 0, 1, 2....$

est le nombre quantique de vibration associé au mode i. H_{v_i} est un polynôme d'Hermite. Si deux ou plusieurs v_i ont la même valeur alors le mode correspondant est dit dégénéré et il est caractérisé par son degré de dégénérescence d_i. La caractérisation d'un tel mode se fait outre v_i, par un nouveau nombre quantique $l_i = v_i,\ v_i - 2,\ v_i - 4........1$, ou 0.

Pour une molécule triatomique linéaire il y a quatre degrés de liberté de vibration (figure 4) qui se repartissent en deux modes d'élongation symétrique v_1 et antisymétrique v_3 parallèle à l'axe nucléaire et un mode de pliage v_2 perpendiculaire à cet axe et doublement dégénéré.

mode d'élongation symétrique S

mode d'élongation antisymétrique A

mode de pliage dégénéré :

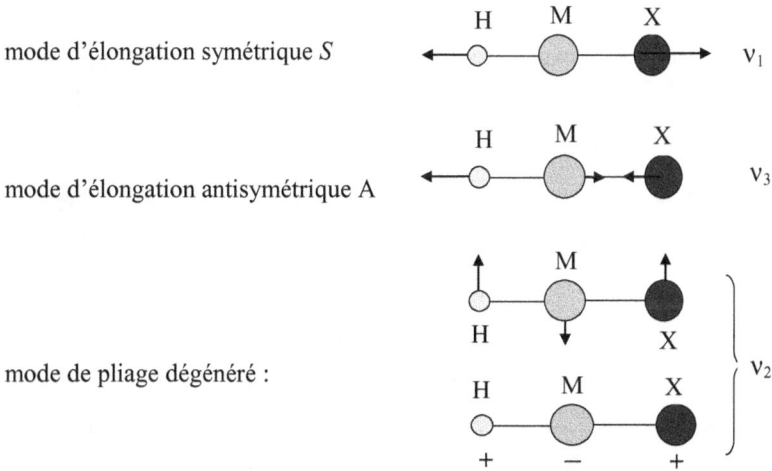

Figure 4 : les quatre modes normaux de vibration pour un radical linéaire HMX .

Cette approximation harmonique est valable seulement pour des petits déplacements autour des positions d'équilibre et quand les déplacements moléculaires sont plus importants, il faut tenir compte de l'anharmonicité.

B Effets de l'anharmonicité

On tient compte maintenant des différents termes de l'hamiltonien (2.23).

Les termes de vibration avec des éventuelles dégénérescences sont données par[62]:

$$G(\upsilon_1,\upsilon_2,\upsilon_3,......)=\frac{E_{vib}}{hc}=\sum_i \omega_i(\upsilon_i+\frac{d_i}{2})+\sum_i\sum_{j\geq i}x_{ij}(\upsilon_i+\frac{d_i}{2})(\upsilon_j+\frac{d_j}{2})$$
$$+\sum_i\sum_{j\geq i}g_{ij}l_il_j+........ \qquad (2.27)$$

d_i est le degré de dégénérescence du mode i et l_i est le nombre quantique correspondant. Remarquons que pour un mode non dégénéré $l_i = 0$ et $g_{ij} = 0$. Les ω_i sont les fréquences harmoniques exprimées en cm^{-1} et les x_{ij} sont les constantes d'anharmonicité.

Les termes croisés introduits par l'anharmonicité ne permettent plus la séparation des variables dans l'hamiltonien (2.23) et la fonction d'onde totale de vibration n'est plus simplement le produit des fonctions propres des oscillateurs correspondant aux différentes coordonnées normales comme dans l'approximation harmonique. Pour tenir compte des couplages entre les différents modes normaux on peut écrire la fonction d'onde sous la forme :

$$\Phi_{vib}=\Phi_1(Q_1)\Phi_2(Q_2)\Phi_3(Q_3).......+\chi(Q_1,Q_2,Q_3........) \qquad (2.28)$$

où χ est le terme qui traduit l'interaction entre les différents modes normaux puisqu'il dépend en même temps de toutes les coordonnées normales. Cette fonction est petite par rapport Φ_i et ceci est une conséquence de l'utilisation de la méthode de perturbation pour l'obtention de la relation (2.27). Dans le cas de l'oscillateur à une dimension on montre [61] que la fonction d'onde anharmonique Φ_{vib} peut s'écrire sous la forme d'une combinaison de plusieurs fonctions d'onde de l'oscillateur harmonique.

Les termes d'anharmonicité peuvent introduire deux effets importants :

- ✓ Il peut y avoir une levée de dégénérescence des modes initialement dégénérés dans l'approximation harmonique. En effet par comparaison des expressions (2.25) et (2.27), on peut remarquer que certains niveaux dégénérés en première approximation, se trouvent scindés en plusieurs composantes sous l'effet de l'anharmonicité et seule subsiste la dégénérescence imposée par la symétrie de la molécule. C'est une sorte de structure fine qui apparaît quand on tient compte des effets d'ordres supérieurs.

- ✓ Cas d'une dégénérescence accidentelle : Dans une molécule polyatomique il peut arriver que deux niveaux vibrationnels appartenant à des modes différents ou à des combinaisons de modes soient très proches en énergie dans l'approximation harmonique. Cette quasi-dégénérescence, considérée comme une résonance, introduit une perturbation des deux niveaux considérés due à l'effet de l'anharmonicité. Du fait des restrictions de symétrie, on ne peut avoir une mutuelle perturbation qu'entre les niveaux de même symétrie, l'effet de cette interaction se traduit alors par une répulsion entre les deux niveaux considérés. Le niveau en dessous voit son énergie diminuer et celui de dessus est repoussé vers le haut et la séparation est d'autant plus importante que leur différence d'énergie dans l'approximation harmonique est petite. Les fonctions d'onde finales sont alors des combinaisons linéaires des fonctions initiales.

Selon les modes impliqués, on distingue deux types de résonances [60] :

🔸 *Résonance de Fermi* : Elle est due au terme cubique du développement de Taylor de l'énergie potentielle (2.4). Elle a été observée pour la première fois par Fermi [63] dans le spectre Raman de CO_2 entre les niveaux de vibration (100) et (020) de même symétrie Σ^+. Pour les molécules triatomiques cette résonance met en jeu un mode d'élongation et un mode de pliage et elle se produit chaque fois qu'il y a la relation particulière suivante :

($2\upsilon_1 + \upsilon_2 = p$) où p est un entier qui donne l'ordre du polyade de Fermi formé par l'ensemble des niveaux impliqués. Par exemple pour $p = 2$ on a une diade de fermi entre les deux niveaux (100) et (020).

🔸 *Résonance de Darling-Denisson* : C'est un effet particulier dû au terme quartique du développement de Taylor (2.4) et il se produit

entre deux modes normaux i et j pour lesquels
$$\Delta v_i = -\Delta v_j = \pm 2.$$ (2.29)

Cette résonance a été observée pour la première fois dans le cas de H_2O par Darling et Denisson [51] entre les deux niveaux (200) et (002) correspondant à deux modes d'élongation de même symétrie A_1 et pour d'autres couples de niveaux (v_1, v_2, v_3) et $(v_1 - 2, v_2, v_3 + 2)$ avec $v_1 > 2$ (ceci est un cas particulier de la relation (2.29)).

II-2-3 Vibration-rotation moléculaire

Dans les deux parties précédentes, on a traité séparément la vibration et la rotation moléculaire mais en réalité ces deux mouvements se produisent simultanément et il faut tenir compte de leur interaction.

La vibration-rotation moléculaire est introduite en tenant compte, dans l'hamiltonien moléculaire, des termes $\widetilde{H}_{04}$ et $\widetilde{H}_{22}$.

La présence ces termes de couplage fait que les constantes rotationnelles dépendent maintenant du niveau de vibration. En effet, au cours de la rotation les distances entre noyaux ne sont plus fixes mais variables en fonction de l'état de vibration. Ceci implique que les moments d'inertie changent et par conséquent pour chaque niveau de vibration il y a des constantes rotationnelles différentes. Les résultats obtenus précédemment seront alors modifiés de la façon suivante :

__Cas des molécules linéaires :__

La constante rotationnelle de la molécule est donnée par [55]:

$$B_\upsilon = B_e - \sum_i \alpha_i (\upsilon_i + \frac{d_i}{2}) \qquad (2.30)$$

B_e est la constante rotationnelle de la molécule à sa géométrie d'équilibre, υ_i le nombre quantique de vibration du mode i de degré de dégénérescence d_i et les α_i sont des constantes petites devant B_e, qui traduisent l'interaction vibration-rotation. Il faut noter ici que la constante rotationnelle B_0 correspondant au niveau vibrationnel (0 0 0) diffère de la constante à l'équilibre B_e.

La constante de distorsion centrifuge dépend aussi du niveau de vibration :

$$D_\upsilon = D_e - \sum_i \beta_i (\upsilon_i + \frac{d_i}{2}) \qquad (2.31)$$

L'énergie rovibrationnelle est alors donnée par l'expression :

$$\frac{E_{vib-rot}}{hc} = \sum_i \omega_i (\upsilon_i + \frac{d_i}{2}) + \sum_i \sum_{j \geq i} x_{ij} (\upsilon_i + \frac{d_i}{2})(\upsilon_j + \frac{d_j}{2}) +$$
$$\sum_i \sum_{j \geq i} g_{ij} l_i l_j + B_\upsilon J(J+1) - D_\upsilon J^2 (J+1)^2 \qquad (2.32)$$

Une autre conséquence de l'interaction vibration –rotation pour une molécule linéaire dans un niveau vibrationnel dégénéré, correspond à la levée de cette dégénérescence sous l'action de la rotation tel que pour chaque valeur de J il a y a deux composantes dont la séparation augmente avec J. Ce dédoublement est connu sous le nom de *l-type doubling*.

Cas des molécules non linéaires :

Les constantes rotationnelles sont données par [55]:

$$A_\upsilon = A_e - \sum_i \alpha_i^A (\upsilon_i + \frac{d_i}{2})$$

$$B_\upsilon = B_e - \sum_i \alpha_i^B (\upsilon_i + \frac{d_i}{2}) \qquad (2.33)$$

$$C_\upsilon = C_e - \sum_i \alpha_i^C (\upsilon_i + \frac{d_i}{2})$$

II-3 Programme SURFIT

Le développement fait dans la partie II-1 a été implémenté dans le code **SURFIT** [64]. Ce programme permet de construire une représentation anlytique de la surface d'énergie potentielle de l'état électronique considéré d'une molécule triatomique. Les coefficients du développement sont ajustés de façon à faire coïncider au mieux les valeurs de l'énergie calculées à l'aide de l'expression analytique avec les valeurs d'énergie électronique calculées, par l'une des méthodes de calcul ab-intio décrites dans le chapitre1 (lors de la résolution de l'équation de Schrödinger électronique), pour différentes géométries de la molécule. La représentation anlytique est fonction des 3 coordonnées internes de la molécule :

$$V(x_1,x_2,x_3) = \sum_{i,j,k} C_{i,j,k} F(x_1)^i F(x_2)^j F(x_3)^k \qquad (2.34)$$

Dans ce travail on a considéré des polynômes de degré global $(i + j + k)$ variant entre 6 et 8 et on a pris comme fonction F, les coordonnées de déplacement par rapport à une géométrie de référence : $F_i(x_i) = x_i - x_i^e$

Les coefficients $C_{i,j,k}$ sont optimisés par la méthode des moindres carrés, qui consiste à minimiser l'expression :

$$\sum_l^n [V_l(x_1, x_2, x_3) - E_l(x_1, x_2, x_3)]^2 \qquad (2.35)$$

où E_l est la valeur ab-initio de l'énergie pour la $l^{ième}$ géométrie des noyaux dans la grille des n points.

Le passage des coordonnées internes aux coordonnées normales se fait ensuite par la relation [53]:

$$x_i = \sum_r L_{ir} Q_r + \frac{1}{2} \sum_{r,s} L_{irs} Q_r Q_s + \frac{1}{6} \sum_{r,s,t} L_{irst} Q_r Q_s Q_t + \ldots \qquad (2.36)$$

où L_{ir}, L_{irs}, L_{irst}….sont les éléments du tenseur $\boldsymbol{L}$. Les constantes de forces dans le système de coordonnées internes f_{ij} et dans le système de coordonnées normales Φ_{rs} sont reliées également par les éléments de ce tenseur :

$$\Phi_{rs} = \sum_{i,j} L_{ir} f_{ij} L_{js}$$

Des expressions plus compliquées pour Φ_{rst}, Φ_{rstu}…. et f_{ijk}, f_{ijkl} …..sont données dans la référence [65]

Le programme **SURFIT** [64] permet alors de déterminer, à partir du champ de force quadratique, cubique et quartique, les constantes spectroscopiques des molécules triatomiques figurant dans les expressions des énergies données dans la partie II-2 ainsi que les niveaux rovibrationnels anharmoniques.

Pour avoir de bons résultats avec le programme SURFIT (des écarts quadratiques moyens de quelques cm^{-1}), il faut que :

- la géométrie d'équilibre de la molécule soit connue (à partir des valeurs expérimentales ou par un calcul préliminaire)

- le nombre de points calculés soit au moins égal au nombre des coefficients $C_{i,j,k}$ du développement (2.34) et ces points doivent être répartis de manière uniforme autour de la géométrie d'équilibre

- les énergies calculées atteignent des valeurs suffisantes par rapport au minimum (par exemple 7000 cm^{-1}), afin que l'énergie des niveaux rovibrationnels soit correcte.

La résolution de l'équation de Schrödinger nucléaire avec la méthode perturbative décrite ci-dessus ne prend pas en compte certains couplages possibles tels que le couplage spin-orbite ou l'effet Renner-Teller.

Pour les systèmes où cet effet est important, nous avons utilisé la méthode variationnelle que nous allons décrire dans ce qui suit.

III- Méthode variationnelle

III-1 Interaction de la vibration avec le mouvement électronique : l'effet Renner-Teller

Cet effet observé pour la première fois dans le spectre de NH_2 par Dressler et Ramsay [66], a été formulé par R. Renner [67] d'après une idée de E. Teller [68]. Il correspond à une interaction vibronique qui se traduit dans le cas des systèmes triatomiques par une levée de dégénérescence d'un état électronique (dégénéré quand la molécule est linéaire) suite au pliage de la molécule. En effet, le couplage entre le moment angulaire de vibration l et le moment angulaire électronique $\vec{\Lambda}$ conduit au moment angulaire vibronique $\vec{K}$ tel que $K = |\pm \Lambda \pm l|$ est un bon nombre quantique. La valeur $K = 0, 1, 2...$ correspond aux états vibroniques Σ, Π, Δ ... Dans le cas où le spin n'est pas nul il faut considérer plutôt la valeur du moment angulaire $P = |\pm \Omega \pm l|$.

Quand le mode de vibration est excité l'état électronique qui était dégénéré se scinde en deux composantes V^+ et V^- dont la dépendance en fonction de la coordonnée de pliage Q_2 est donnée par la figure 5.

L'effet Renner-Teller apparait sous trois formes différentes: dans le premier cas (Figure a) le couplage est faible et les deux composantes ont une géométrie d'équilibre linéaire, dans le deuxième cas, l'état électronique le plus bas a une géométrie d'équilibre pliée et l'autre composante a une géométrie d'équilibre linéaire et enfin dans le dernier cas, le couplage fort fait que les deux composantes ont une géométrie d'équilibre pliée. Ces courbes d'énergie potentielle sont des fonctions symétriques de la coordonnée de pliage et on peut écrire:

$$V = aQ_2^2 + bQ_2^4 + ... \quad \text{pour la fonction d'ordre 0} \tag{2.37}$$

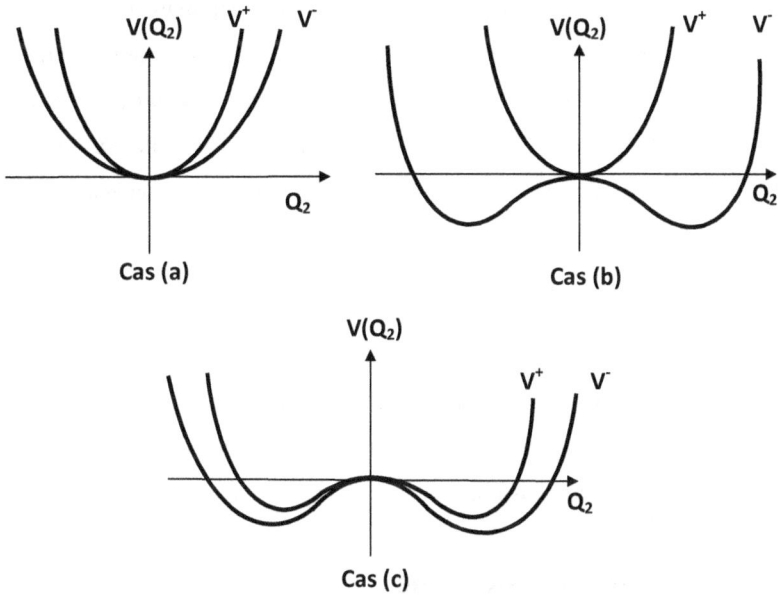

Figure 5 : Effet Renner-Teller : dédoublement d'un état électronique dégénéré par pliage d'une molécule triatomique. (a) système lineaire-linéaire, (b) système linéaire-plié et (c) système plié-plié

et $V^+ - V^- = \alpha Q_2^2 + \beta Q_2^4 + ..$ pour les deux composantes. (2.38)

L'importance de l'effet Renner-Teller est traduite par le paramètre :

$$\varepsilon = \frac{\alpha}{2a} = \frac{\omega_{2+}^2 - \omega_{2-}^2}{\omega_{2+}^2 + \omega_{2-}^2} \qquad (2.39)$$

où ω_{2+} et ω_{2-} sont les fréquences harmoniques de pliage des deux composantes considérées.

La présence de l'effet Renner-Teller implique que l'approximation de Born-Oppenheimer n'est plus applicable car pour une même géométrie nucléaire on a deux surfaces de potentiel distinctes et les niveaux vibroniques ne peuvent plus être attribués à l'une ou à l'autre composante Renner-Teller du potentiel électronique mais aux deux fonctions à la fois. La fonction d'onde associée à un niveau vibronique donné peut être décrite en tant que combinaison linéaire des deux fonctions vibroniques Φ^+ et Φ^- associées respectivement à V^+ et à V^-.

$$\Phi_{rovib} = c_+ \Phi^+ + c_- \Phi^-$$

Cet effet est présent dans l'état fondamental des trois radicaux HBeO, HMgO et HMgS. La méthode variationnelle de résolution de l'équation de Schrödinger nucléaire que nous allons présenter en tient compte.

III-2 Méthode variationnelle

A partir d'une idée de L. F. Boys [69], Whitehead and Handy [70] ont introduit cette technique variationnelle pour les calculs des niveaux vibrationnels des molécules triatomiques. L'hamiltonien utilisé est celui de Watson considéré précédemment (relation (2.3)).

Dans l'approche de Carter et Handy [71--73], on tient compte de tous les couplages entre les moments angulaires. Pour des molécules triatomiques présentant un effet Renner-Teller une partie des effets relativistes est introduite via l'interaction spin-orbite. Pour ce type de molécules, les niveaux d'énergie vibrationnelle ne peuvent plus être associés à une seule surface d'énergie potentielle et il est nécessaire d'aller au delà de l'approximation de Born-Oppenheimer. Pour tenir compte des différents couplages il faut remplacer $\vec{J}$ par $\vec{J} - \vec{L} - \vec{S}$ dans l'expression de l'opérateur d'énergie cinétique. Pour que $\vec{J}$ obéisse aux mêmes relations de commutation standards $[J_x, J_y] = iJ_z$ on préfère utiliser plutôt l'opérateur $\vec{J} + \vec{L} + \vec{S}$.

Dans cette méthode on considère une molécule triatomique non linéaire dont la disposition est donnée dans la figure 6 :

Figure 6 : Disposition dans l'espace de la molécule triatomique

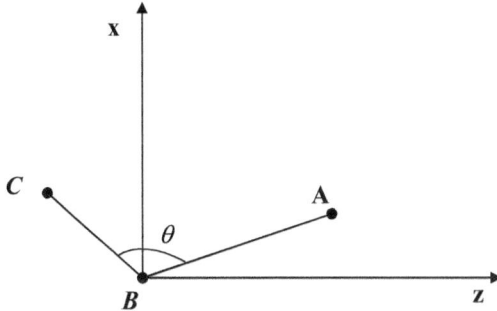

La molécule ABC est située dans le plan (x, z), l'axe ox est bissecteur de l'angle AB̂C noté θ et l'atome A est dans le quadrant xz positif. Outre θ, les deux autres coordonnées internes considérées sont $R_1 = R_{AB}$ et $R_2 = R_{BC}$. On note m_B la masse de l'atome central B, μ_1 la masse réduite de A et B et μ_2 celle des atomes B et C.

L'hamiltonien de Carter et Handy [71-73] s'écrit alors dans ce système de coordonnées internes : $H_N = H_V + H_{VR}$ avec

$$H_V(R_1, R_2, \theta) = -\frac{1}{4}\left(\frac{1}{\mu_1 R_1^2} + \frac{1}{\mu_2 R_2^2} - \frac{2\cos\theta}{m_B R_1 R_2}\right)\left(\frac{\partial^2}{\partial\theta^2} + \cot\theta\frac{\partial}{\partial\theta}\right)$$

$$-\frac{1}{4}\left(\frac{\partial^2}{\partial\theta^2} + \cot\theta\frac{\partial}{\partial\theta}\right)\left(\frac{1}{\mu_1 R_1^2} + \frac{1}{\mu_2 R_2^2} - \frac{2\cos\theta}{m_B R_1 R_2}\right)$$

$$+\frac{1}{m_B}\left(\frac{1}{R_1}\frac{\partial}{\partial R_2} + \frac{1}{R_2}\frac{\partial}{\partial R_1}\right)\left(\sin\theta\frac{\partial}{\partial\theta} + \cos\theta\right) \qquad (2.40)$$

$$-\frac{1}{2\mu_1}\frac{\partial^2}{\partial R_1^2} - \frac{1}{2\mu_2}\frac{\partial^2}{\partial R_2^2} - \frac{\cos\theta}{m_B}\frac{\partial^2}{\partial R_1 \partial R_2} + V$$

et

$$H_{VR}(R_1, R_2, \theta, J, L, S) = \frac{1}{8\cos^2(\frac{\theta}{2})}\left(\frac{1}{\mu_1 R_1^2} + \frac{1}{\mu_2 R_2^2} + \frac{2}{m_B R_1 R_2}\right)(J_z + L_z + S_z)^2$$

$$+\frac{1}{8\sin^2(\frac{\theta}{2})}\left(\frac{1}{\mu_1 R_1^2} + \frac{1}{\mu_2 R_2^2} - \frac{2}{m_B R_1 R_2}\right)(J_x + L_x + S_x)^2$$

$$+\frac{1}{8}\left(\frac{1}{\mu_1 R_1^2} + \frac{1}{\mu_2 R_2^2} + \frac{2\cos\theta}{m_B R_1 R_2}\right)(J_y + L_y + S_y)^2 \qquad (2.41)$$

$$-\frac{1}{4\sin\theta}\left(\frac{1}{\mu_1 R_1^2} - \frac{1}{\mu_2 R_2^2}\right)[J_z + L_z + S_z, J_x + L_x + S_x]$$

$$+\frac{1}{2i}\left[\left(\frac{1}{\mu_1 R_1^2} - \frac{1}{\mu_2 R_2^2}\right)\left(\frac{1}{2}\cot\theta + \frac{\partial}{\partial\theta}\right) + \frac{\sin\theta}{m_B}\left(\frac{1}{R_2}\frac{\partial}{\partial R_1} - \frac{1}{R_1}\frac{\partial}{\partial R_2}\right)\right](J_y + L_y + S_y)$$

$$+ A_{SO}L.S$$

Dans l'expression (2.40), V représente les fonctions énergies potentielles des deux composantes Renner-teller V' et V'' et qui sont supposées déterminées avec l'une des méthodes décrite dans le chapitre 1.

Pour deux opérateurs $\hat{O}_1$ et $\hat{O}_2$: $[\ \hat{O}_1, \hat{O}_2\ ] = \hat{O}_1\hat{O}_2 + \hat{O}_2\hat{O}_1$.

A_{SO} représente la constante spin-orbite. Elle varie généralement avec la géométrie de la molécule mais cette dépendance sera négligée dans le développement de Carter et Handy et c'est la seule approximation dans cet hamiltonien. Dans nos calculs nous utilisons les valeurs expérimentales des ces constantes lorsqu'elles sont disponibles. Dans le cas contraire, nous les déterminons théoriquement par un calcul utilisant l'opérateur de Breit-Pauli [74].

L'expression (2.41) de cet hamiltonien tient compte des différents couplages qui sont traduits par les expressions suivantes : (ou on pose :

$$G = \left(\frac{1}{\mu_1 R_1^2} + \frac{1}{\mu_2 R_2^2} + \frac{2}{m_B R_1 R_2} \right) :$$

➢ Terme du couplage Renner-Teller

$$\frac{1}{8\cos^2(\frac{\theta}{2})} G \times 2J_z L_z$$

➢ Terme du couplage spin-rotation dans le cas (a) de Hund

$$\frac{1}{8\cos^2(\frac{\theta}{2})} GJ_z S_z + \frac{1}{8\sin^2(\frac{\theta}{2})} GJ_x S_x + \frac{1}{8} GJ_y S_y$$

➢ Terme du couplage de Coriolis

$$\frac{1}{2i}\left[\left(\frac{1}{\mu_1 R_1^2}-\frac{1}{\mu_2 R_2^2}\right)\left(\frac{1}{2}\cot\theta+\frac{\partial}{\partial\theta}\right)+\frac{\sin\theta}{m_B}\left(\frac{1}{R_2}\frac{\partial}{\partial R_1}-\frac{1}{R_1}\frac{\partial}{\partial R_2}\right)\right]J_y$$

> Les termes dépendant de la géométrie $\times J_i^2$ représentent la déformation centrifuge

> Les termes proportionnels à L_x^2, L_y^2, L_z^2, et $L_x L_z + L_z L_x$ correspondent à la correction adiabatique.

Si l'énergie potentielle est exprimée en fonction des coordonnées internes alors :

> Les termes proportionnels à $(\theta-\theta_e)^2 q_s$ dans V expriment la résonance de Fermi (les indices s et a correspondent respectivement aux modes symétriques et antisymétriques de vibration).

> Les termes proportionnels à $q_s q_a^2, q_s^2 q_a$ dans V expriment la résonance de Darling-Dennison.

Le problème à résoudre maintenant est de faire un bon choix des fonctions de base à utiliser pour le calcul variationnel et de chercher à réduire la taille des déterminants à manipuler.

III-2-1 Choix des fonctions de base

Les fonctions de base que nous avons utilisées sont de la forme [71-73]:

$$\Psi_{\upsilon\upsilon_1\upsilon_2}^{Jk\lambda\sigma}(R_1, R_2, \theta, \alpha, \beta, \gamma, \gamma_e, \gamma_s) = \tag{2.42}$$

$$P_\upsilon^{|l|}(\cos\theta)D_{mk}^{J}(\alpha, \beta, \gamma)\Phi^\lambda(\gamma_e)\,\Phi^\sigma(\gamma_s)\Phi_{\upsilon_1}(Q_S)\Phi_{\upsilon_2}(Q_A)$$

Les différents termes présents dans cette expression sont :

⬇ Les polynômes de Legendre associés $P_\nu^{|l|}(\cos\theta)$ correspondent aux fonctions de base représentant la vibration de pliage (figure 4). Ces fonctions permettent de reproduire la symétrie de la fonction d'énergie potentielle par rapport à $\theta = \pi$ car elles présentent un extremum pour $\theta = 0$ et $\theta = \pi$. Dans le programme variationnel que nous avons utilisé les seuls polynômes de Legendre considérées sont $P_\nu^0(\cos\theta)$ et $P_\nu^1(\cos\theta)$ (car pour $l > 1$ et pair, tout polynôme $P_\nu^{|l|}$ peut s'écrire comme une combinaison de P_ν^0 et de P_ν^1).

⬇ Les fonctions propres du rotateur rigide $D_{mk}^J(\alpha, \beta, \gamma) = e^{im\alpha} d_{mk}^J(\beta) e^{i\gamma k}$ servent à décrire la rotation moléculaire. α, β et γ sont les angles d'Euler qui définissent l'orientation du référentiel (G,x, y, z) lié à la molécule par rapport au référentiel du laboratoire (X, Y, Z), $d_{mk}^J(\beta)$ est la matrice de rotation, et m et k sont les valeurs propres de $\vec{J}_Z$ et $\vec{J}_z$. Puisque le système est indépendant de m en absence d'une perturbation externe alors celui-ci sera fixé à la valeur 0 pour toute la suite.

⬇ $\Phi^\lambda(\gamma_e)$ sont les fonctions d'onde électroniques qui sont des combinaisons des deux fonctions réelles X et Y correspondantes aux surfaces adiabatiques V' et V'' avec :

$$\Phi^{\pm\lambda}(\gamma_e) = \frac{1}{\sqrt{2}}(X \pm iY) \sim e^{\pm i\lambda\gamma_e}$$

Elles sont fonctions propres du moment angulaire électronique

$$L_z = -i\frac{\partial}{\partial \gamma_e}$$ et λ est la valeur propre de L_z quand la molécule est

linéaire.

♣ Les fonctions propres de l'opérateur de spin électronique ont la forme

suivante : $\Phi^{\sigma}(\gamma_s) \sim e^{i\sigma\gamma_s}$ où $\sigma = \pm\frac{1}{2}$ pour un état électronique

doublet, $\alpha = e^{i\frac{\gamma_s}{2}}$ et $\beta = e^{-i\frac{\gamma_s}{2}}$.

♣ $\Phi_{\nu_1}(Q_S)$ et $\Phi_{\nu_2}(Q_A)$ représentent les vibrations d'élongations

symétrique S et antisymétrique A (voir figure 4) et elles peuvent être

considérées comme les fonctions propres de l'oscillateur de Morse :

$$\Phi_n(R) = N_n e^{-\frac{Q}{2}} Q^s L_n^{2s}(Q)$$

où $s = \dfrac{\sqrt{2\mu D_e}}{\alpha} - (n+\frac{1}{2})$, $Q = 2\dfrac{\sqrt{2\mu D_e}}{\alpha} e^{-\alpha r}$ et μ est la masse réduite des

deux atomes distants de R (R_e étant la distance à l'équilibre),

$r = R\text{-}R_e$, $\alpha = \sqrt{\dfrac{f_{rr}}{2D_e}}$ est le paramètre de Morse, f_{rr} est la constante de

force harmonique, D_e est l'énergie de dissociation de la liaison formée

par ces deux atomes, $L_n^{2s}(Q)$ est un polynôme de Laguerre associé et N_n

est une constante de normalisation.

Dans le cas ou la liaison R fait intervenir des atomes lourds, le paramètre s

devient assez grand (μ et D_e augmentent) et les fonctions de Morse ne conviennent plus. Il est alors préférable dans ce cas d'utiliser les fonctions de l'oscillateur harmonique :

$$\Phi_n(R) = N_n \exp(-\frac{(R-R_e)^2}{2\beta^2})H_n(\frac{R-R_e}{\beta})$$

où $\beta = \sqrt[4]{\frac{1}{\mu f_{rr}}}$, μ et f_{rr} étant définis précédemment et H_n est un polynôme d'Hermite.

III-2-2 Résolution itérative de l'équation de Schrödinger

Une première façon de réduire la taille des déterminants à manipuler est d'utiliser la symétrie de la molécule pour construire des fonctions adaptées à cette symétrie.

Ceci permet de séparer la matrice hamiltonienne en blocs diagonaux de dimensions plus petites. Toutefois ces dimensions restent grandes ($\geq 10^6$) et il faut chercher encore à les réduire. Dans la méthode de Carter et Handy [71-73], on résout ce problème en procédant par des diagonalisations successives des matrices hamiltoniennes effectives de dimensions plus petites où certaines coordonnées sont gelées à leurs valeurs à l'équilibre. Les fonctions propres ainsi obtenues sont combinées à d'autres fonctions pour construire des matrices incluant progressivement un plus grand nombre de coordonnées. Les bases de fonctions d'élongation et de fonctions de pliage sont contractées séparément avant de les combiner pour former la base finale. La résolution itérative se fait en 5 étapes :

a/ Contraction bi-dimentionnelle des fonctions d'élongation

Pour reproduire au mieux les modes normaux de la molécule on utilise les deux coordonnées, adaptées à la symétrie de la molécule, suivantes:

$$Q_1 = c_1 R_1 + c_2 R_2$$
$$Q_2 = c'_1 R_1 + c'_2 R_2$$

Les coefficients c_i sont supposés connus (par exemple avec la méthode perturbative). Les fonctions de base utilisées sont de la forme :

$$\Phi_v(Q_1, Q_2) = \Phi_{n_1}(Q_1)\Phi_{n_2}(Q_2)$$

L'hamiltonien effectif utilisé dans ce cas est

$$H(R_1, R_2) = T_V(R_1, R_2, \theta_e) + U(R_1, R_2, \theta_e)$$

où θ_e est la valeur de l'angle à l'équilibre, T_V est l'énergie cinétique de l'hamiltonien H_V (2.40) et V est la partie commune des potentiels V' et V''.

Par diagonalisation de cet hamiltonien dans la base $\Phi_v(Q_1, Q_2)$ on obtient les nouvelles fonctions décrivant le mouvement d'élongation :

$$\Phi_v = \sum_{n_1, n_2} C_v^{n_1, n_2} \Phi_{n_1}(Q_1)\Phi_{n_2}(Q_2)$$

b/ Contraction unidimentionnelle des fonctions de pliage

On fixe maintenant les deux distances à leurs valeurs d'équilibre R_{1e} et R_{2e} puis on construit pour chaque valeur de $|k| = \dfrac{1}{2}, \dfrac{3}{2}, \ldots\ldots\ldots J$ et pour les deux composantes V' et V'' un hamiltonien effectif de la forme suivante (par exemple pour V') :

$$H'(\theta) = T_v(R'_{1e}, R'_{2e}, \theta) + U'(R'_1, R'_2, \theta) +$$

$$\frac{1}{8\cos^2(\frac{\theta}{2})}\left(\frac{1}{\mu_1 R'^2_{1e}} + \frac{1}{\mu_2 R'^2_{2e}} + \frac{2}{m_B R'_{1e} R'_{2e}}\right)(J_z^2 + L_z^2 + S_z^2 - 2J_z L_z)$$

$$+\frac{1}{8\sin^2(\frac{\theta}{2})}\left(\frac{1}{\mu_1 R'^2_1} + \frac{1}{\mu_2 R'^2_2} - \frac{2}{m_B R'_1 R'_2}\right)(J_x^2 + S_x^2) + \qquad (2.43)$$

$$\frac{1}{8}\left(\frac{1}{\mu_1 R'^2_1} + \frac{1}{\mu_2 R'^2_2} + \frac{2\cos\theta}{m_B R'_1 R'_2}\right)(J_y^2 + S_y^2)$$

En notant V' et V'' respectivement V_X et V_Y, la diagonalisation des hamiltoniens effectifs $H(X)$ et $H(Y)$ conduit à quatre nouvelles fonctions pour chaque valeur de k (deux diagonalisations (pour $l = 0$ et 1) pour chaque composante) [66] : $\Theta_{n_3}^{|l|}(X)$, $\Theta_{n_3}^0(X)$, $\Theta_{n_3}^{|l|}(Y)$ et $\Theta_{n_3}^0(Y)$

c/ Contraction bi-dimentionnelle des fonctions de pliage

A l'aide des fonctions de pliage obtenues à l'issue de la contraction précédente $\Theta_{n_3}^{|l|}(X)$ et $\Theta_{n_3}^{|l|}(Y)$ on construit maintenant la forme finale des fonctions de pliage par diagonalisation de deux matrices à deux dimensions (une pour X et l'autre pour Y) qui font intervenir l'hamiltonien effectif suivant :

$$(2.44)$$

$$H(\theta)^{X,Y} = \frac{1}{8\cos^2(\frac{\theta}{2})}\left(\frac{1}{\mu_1 R^2_{1e}} + \frac{1}{\mu_2 R^2_{2e}} + \frac{2}{m_B R_{1e} R_{2e}}\right)2L_z(J_z + S_z) + A_{so}L_z S_z$$

Les nouvelles fonctions obtenues ont la forme suivante (pour $k = \frac{1}{2}$) :

$$\Theta_{n_3}^{|l|}(X,Y) = \sum_{n_3} c_{n_3}^{v_3}(X)\Theta_{n_3}^{|l|}(X) + \sum_{n_3} c_{n_3}^{v_3}(Y)\Theta_{n_3}^{|l|}(Y)$$

$$\Theta_{n_3}^{0}(X,Y) = \sum_{n_3} c_{n_3}^{v_3}(X)\Theta_{n_3}^{0}(X) + \sum_{n_3} c_{n_3}^{v_3}(Y)\Theta_{n_3}^{0}(Y) \qquad (2.45)$$

On note ici que les deux couplages Renner-teller et spin-orbite sont pris en compte.

d/ Contraction tridimentionnelle fonction de k

Les fonctions de base sont considérées maintenant comme étant le produit des fonctions bidimentionnelles d'élongation Φ_v obtenues dans la première étape et des fonctions $\Theta_{n_3}^{|l|}(X,Y)$ de l'étape précédente. Ces dernières sont optimisées pour chaque valeur de k et on suppose que les Φ_v sont appropriées pour toutes les valeurs de k. L'hamiltonien effectif considéré dans cette étape à la forme suivante:

$$H_k(R_1,R_2,\theta) = T_v(R_1,R_2,\theta) + V_X(R_1,R_2,\theta) + V_Y(R_1,R_2,\theta)$$

$$\frac{1}{8\cos^2\left(\frac{\theta}{2}\right)}\left(\frac{1}{\mu_1 R_1^2} + \frac{1}{\mu_2 R_2^2} + \frac{2}{m_B R_1 R_2}\right)\left[J_z^2 + L_z^2 + S_z^2 + 2(J_z S_z + J_z L_z + L_z S_z)\right]$$

$$+\frac{1}{8\sin^2\left(\frac{\theta}{2}\right)}\left(\frac{1}{\mu_1 R_1^2} + \frac{1}{\mu_2 R_2^2} - \frac{2}{m_B R_1 R_2}\right)(J_x^2 + S_x^2) + \qquad (2.46)$$

$$\frac{1}{8}\left(\frac{1}{\mu_1 R_1^2} + \frac{1}{\mu_2 R_2^2} + \frac{2\cos\theta}{m_B R_1 R_2}\right)(J_y^2 + S_y^2) + A_{so} L_z S_z$$

les fonctions obtenues, adaptées à la symétrie, ont la forme :

$$\Psi_v^{|l|} = \sum_{v_1 v_3} C_{v_1 v_3}^v \Phi_{v_1}(Q_1, Q_2) \Theta_{v_3}^{|l|}(X, Y)$$

Dans cette étape on tient compte des résonances dues aux anharmonicités.

e **Niveaux d'énergie rovibroniques**

Les termes restants de l'hamiltonien total non traité dans l'étape précédente peuvent être séparés en deux parties :

- *Terme diagonal en k :*

$$T_{kk}(R_1, R_2, \theta) = -\frac{1}{4\sin\theta}\left(\frac{1}{\mu_1 R_1^2} - \frac{1}{\mu_2 R_2^2}\right)[S_x S_z + S_z S_x + 2S_x(L_z + J_z)] +$$

$$\frac{1}{2i}\left[\left(\frac{1}{\mu_1 R_1^2} - \frac{1}{\mu_2 R_2^2}\right)\left(\frac{1}{2}\cot\theta + \frac{\partial}{\partial\theta}\right) + \frac{\sin\theta}{m_B}\left(\frac{1}{R_2}\frac{\partial}{\partial R_1} - \frac{1}{R_1}\frac{\partial}{\partial R_2}\right)\right]S_y \qquad (2.47)$$

- *Terme non diagonal en k*

$$T_{kk'}(R_1, R_2, \theta) = \frac{1}{8\sin^2(\frac{\theta}{2})}\left(\frac{1}{\mu_1 R_1^2} + \frac{1}{\mu_2 R_2^2} - \frac{2}{m_B R_1 R_2}\right)(J_x^2 + 2J_x S_x)$$

$$+\frac{1}{8}\left(\frac{1}{\mu_1 R_1^2} + \frac{1}{\mu_2 R_2^2} + \frac{2\cos\theta}{m_B R_1 R_2}\right)(J_y^2 + 2J_y S_y) \qquad (2.48)$$

$$-\frac{1}{4\sin\theta}\left(\frac{1}{\mu_1 R_1^2} - \frac{1}{\mu_2 R_2^2}\right)[J_x J_z + J_z J_x + 2J_x(L_z + S_z)]$$

$$+\frac{1}{2i}\left[\left(\frac{1}{\mu_1 R_1^2} - \frac{1}{\mu_2 R_2^2}\right)\left(\frac{1}{2}\cot\theta + \frac{\partial}{\partial\theta}\right) + \frac{\sin\theta}{m_B}\left(\frac{1}{R_2}\frac{\partial}{\partial R_1} - \frac{1}{R_1}\frac{\partial}{\partial R_2}\right)\right]J_y$$

La signification des différents termes des expressions (2.47) et (2.48) est la suivante :

Le premier terme de T_{kk} couple les niveaux correspondant à des symétries d'élongation différentes et de spins opposés pour le même état électronique X ou Y alors que le deuxième terme couple les niveaux correspondant à deux états électroniques différents X et Y.

$T_{kk'}$ contient des termes de couplages des niveaux du même état électronique correspondant à $\Delta k = \pm 1, \pm 2$.

A l'issue de cette dernière étape, les fonctions de base optimisées obtenues à l'issue de la diagonalisation des hamiltoniens (2.47) et (2.48) (qui sont traités ensemble) ont l'expression suivante :

$$\sum_k D^J_{0k}(\beta,\gamma)\left[\sum_\upsilon C^{|l|}_{\upsilon,k}\Psi^{|l|}_{\upsilon,k}(R_1,R_2,\theta)\right].$$

En plus du fait qu'elle utilise un hamiltonien exact qui tient compte de toutes les interactions, cette méthode variationnelle a l'avantage de donner des fonctions d'onde rovibroniques qui permettent de déterminer théoriquement une partie des spectres des systèmes étudiés et d'avoir des résultats comparables aux résultats expérimentaux à condition d'utiliser ces derniers pour corriger la fonction d'énergie potentielle. L'analyse de ces fonctions d'onde permet aussi de mettre en évidence les résonances du type Darling-Dennisson et de Fermi.

Partie 2

Applications à l'étude des systèmes MXH/HMX

Objectifs de la deuxième partie

Cette deuxième partie, où l'on s'intéresse à l'étude théorique des radicaux triatomiques MgSH, HMgS, HBeO et HMgO, se compose de deux chapitres :

Dans le premier chapitre, nous nous sommes intéressés à l'étude de la topographie des surfaces d'énergie potentielle tridimentionnelles de l'état fondamental et des premiers états excités de chaque radical, en résolvant l'équation de Schrödinger électronique dans le cadre de l'approximation de Born-Oppenheimer à l'aide des méthodes de calcul décrites dans le chapitre 1 de la première partie. Etant donné que la représentation de ces surfaces dans l'espace à trois dimensions est impossible, car elles sont fonctions des trois coordonnées internes de la molécule triatomique (R_1, R_2 et θ), on procède à des coupes de ces surfaces en fonction de chaque coordonnée interne en fixant les deux autres coordonnées à leurs valeurs correspondant au minimum de l'état fondamental. Pour chaque radical on calcule tous les états électroniques qui corrèlent avec les limites de dissociation les plus basses. Le profil d'isomérisation le long de la coordonnée de pliage de l'état fondamental nous permet de connaître lequel des isomères HMX ou MXH est le plus stable et d'avoir un ordre de grandeur de la barrière à l'isomérisation. Nous avons ensuite déterminé les surfaces de potentiel tridimentionnelles de l'état fondamental de MgSH et des états électroniques les plus bas (fondamental et premier excité) de HMgS, HMgO et HBeO dans le but de générer les potentiels analytiques correspondants. Ces potentiels ont été ensuite utilisés, dans le second chapitre, pour la résolution de l'équation de Schrödinger nucléaire par les deux méthodes décrites dans le deuxième chapitre de la première partie dans le but de déterminer les constantes spectroscopiques et les niveaux rovibroniques de ces radicaux avec le maximum de précision. Des comparaisons entre les propriétés électroniques et les constantes spectroscopiques de ces radicaux sont effectuées tout le long de cette deuxième partie.

Chapitre 1: Structure électronique des radicaux MgSH, HMgS, HMgO et HBeO

Nous effectuerons dans ce chapitre une étude préliminaire de la topographie des surfaces de potentiel de ces systèmes dans les états électroniques les plus bas. Nous nous intéresserons par la suite à la détermination précise des surfaces de potentiel des états électroniques dont nous étudierons la spectroscopie dans le chapitre suivant.

I/ Détails de calcul
I-1 Base utilisée
Comme nous l'avons signalé dans la partie 1, la fiabilité des résultats obtenus lors de l'étude théorique d'un système moléculaire dépend de la qualité des surfaces d'énergie potentielle des états électroniques considérés qui dépend elle même du choix de la taille de la base d'OA et des méthodes de calcul utilisées lors de la résolution de l'équation de Schrödinger électronique. Ce choix se fait généralement par des tests où l'on compare les résultats théoriques avec ceux donnés par l'expérience.

Etant donné que nous ne disposons que de très peu de résultats expérimentaux pour les systèmes triatomiques auxquels nous nous sommes intéressés, nous avons effectué nos tests sur les fragments diatomiques correspondants (MgS, MgH, MgO, BeO, BeH et SH). Ces tests sont effectués avec deux bases *correlated consistent polarised quadruple-ζ et quintuple-ζ (cc-VQZ et cc-V5Z)* de Dunning [9-10] que nous noterons respectivement base A et base B. Dans la base A, chaque orbitale de valence est représentée par quatre gaussiennes soit : (12s6p3d2f) contractées en [5s4p3d2f] pour le beryllium et l'oxygène, (16s11p3d2f) contractées en [6s5p3d2f] pour le magnésium et le soufre et (7s3p2d) contractées en [4s3p2d] pour l'hydrogène. Pour MgSH ou HMgS le nombre de fonctions primitives est de 204 et après contraction ce nombre est réduit à 184, pour HMgO il y a 185 fonctions primitives contractées en 165 et pour HBeO 163 fonctions primitives sont contractées en 143 fonctions. Dans la base B, il y a cinq fonctions gaussiennes pour chaque orbitale atomique ce qui correspond à (20s14p4d3f2g) contractées en [7s6p4d3f2g] pour le soufre et le magnésium, (14s8p4d3f2g) contractées en [6s5p4d3f2g] pour l'oxygène et le beryllium et (8s4p3d) contractées en [5s4p3d] pour l'hydrogène.

Les fonctions p et d pour l'hydrogène et d et f pour les autres atomes, jouent le rôle de fonctions de polarisation. Ces bases sont disponibles dans la bibliothèque du programme MOLPRO [8] que nous avons utilisé lors de la résolution de l'équation de Schrödinger électronique.

Les résultats de ces tests effectués sur les six fragments diatomiques (MgS, MgH, MgO, BeO, BeH et SH) pour 15 points autour de la géométrie d'équilibre de l'état fondamental sont donnés dans les tables 1 – 6. Les distances d'équilibre sont exprimées en bohr et les quatre autres constantes

Table 1 : Constantes spectroscopiques de MgS à l'état fondamental $X^I \Sigma^+$

	R^e_{MgS} (bohr)	ω_e (cm^{-1})	$\omega_e x_e$ (cm^{-1})	B_e (cm^{-1})	α_e (cm^{-1})
MRCI(Base A)	4.095	519.16	2.64	0.262	0.002
CCSD(T)(BaseA)	4.086	525.2	2.55	0.263	0.002
MRCI(Base B)	4.086	522.62	2.52	0.263	0.02
CCSD(T) (Base B)	4.077	529.25	2.46	0.264	0.02
Exp[75]	4.049	528.7	2.70	0.267	0.0017

Table 2 : Constantes spectroscopiques de MgO à l'état fondamental $X^I \Sigma^+$

	R^e_{MgO} (bohr)	ω_e (cm^{-1})	$\omega_e x_e$ (cm^{-1})	B_e (cm^{-1})	α_e (cm^{-1})
MRCI(Base A)	3.332	797.4	4.7	0.562	0.004
CCSD(T)(Base A)	3.314	818.3	5.18	0.568	0.005
MRCI(Base B)	3.287	792.3	5.25	0.57	0.005
CCSD(T)(Base B)	3.315	790.7	5.43	0.56	0.005
Exp[75]	3.305	785.0	5.18	0.57	0.005

Table 3 : Constantes spectroscopiques de BeO à l'état fondamental $X^I \Sigma^+$

	R^e_{BeO} (bohr)	ω_e (cm^{-1})	$\omega_e x_e$ (cm^{-1})	B_e (cm^{-1})	α_e (cm^{-1})
MRCI(Base A)	2.514	1518	12.14	1.65	0.018
CCSD(T)(Base A)	2.526	1479.9	12.51	1.63	0.019
MRCI(Base B)	2.514	1517.4	12.15	1.65	0.018
CCSD(T)(Base B)	2.525	1482.5	12.46	1.63	0.019

Exp[75]	2.515	1487.3	11.83	1.65	0.019

(fréquence harmonique ω_e, constante d'anharmonicité x_e, constante rotationnelle B_e et la constante α_e qui traduit l'interaction vibration-rotation) sont exprimées en cm^{-1}.

Table 4 : Constantes spectroscopiques de MgH à l'état fondamental $X^2\Sigma^+$

	R^e_{MgH} (bohr)	ω_e (cm^{-1})	$\omega_e x_e$ (cm^{-1})	B_e (cm^{-1})	α_e (cm^{-1})
MRCI(Base A)	3.282	1462.4	46.86	5.77	0.25
CCSD(T)(Base A)	3.289	1497.7	30.14	5.75	0.17
MRCI(Base B)	3.275	1492.6	29.9	5.75	0.17
CCSD(T)(Base B)	3.287	1496.1	30.0	5.76	0.17
Exp[75]	3.268	1495.2	31.88	5.82	0.18

Table 5 : Constantes spectroscopiques de BeH à l'état fondamental $X^2\Sigma^+$

	R^e_{BeH} (bohr)	ω_e (cm^{-1})	$\omega_e x_e$ (cm^{-1})	B_e (cm^{-1})	α_e (cm^{-1})
MRCI(Base A)	2.540	2066.6	42.9	10.29	0.32
CCSD(T)(Base A)	2.541	2065.3	42.6	10.27	0.32
MRCI(Base B)	2.540	2067.2	42.9	10.29	0.32
CCSD(T)(Base B)	2.541	2065.2	42.6	10.28	0.31
Exp[75]	2.538	2060.7	36.31	10.30	0.30

Table 6 : Constantes spectroscopiques de SH à l'état fondamental $X^2\Pi$

	R^e_{SH} (bohr)	ω_e (cm^{-1})	$\omega_e x_e$ (cm^{-1})	B_e (cm^{-1})	α_e (cm^{-1})
MRCI(Base A)	2.535	2678.4	57.3	9.60	0.31
CCSD(T)(Base A)	2.538	2703.6	54.0	9.56	0.28
MRCI(Base B)	2.533	2707.0	61.1	9.58	0.29

CCSD(T)(BaseB)	2.536	2703.0	54.4	9.58	0.28
Exp[75]	2.533	2711.6	59.9	9.46	0.27

Ces tableaux montrent que les résultats obtenus avec les deux bases sont très proches des résultats expérimentaux (avec une meilleure précision pour la base B). Nous utiliserons d'abord la base A lors de d'une étude préliminaire de la topographie des surfaces de potentiel des différents systèmes dans les états électroniques les plus bas. Nous utiliserons ensuite la base B pour la détermination précise des surfaces de potentiel des états électroniques où nous voulons étudier le mouvement nucléaire.

I-2 Méthodes de calcul

La première étape de tous nos calculs ab-initio est toujours un calcul HF de l'état électronique fondamental qui permet de générer une base d'orbitales moléculaires. Dans le but de donner une description fiable des surfaces de potentiel dans les états électroniques les plus bas à toutes les distances internucléaires, notamment au voisinage des intersections et à la dissociation, nous avons effectué pour chaque radical étudié un calcul CASSCF dans lequel on moyenne, avec le même poids, l'état électronique fondamental et tous les états excités (doublets et quartets) qui corrèlent avec les limites de dissociation les plus basses. Dans l'espace actif constitué par 9 OM, nous avons corrélé dans chaque cas tous les électrons de valence dont le nombre est de 9 de façon à avoir une interaction de configuration complète dans cet espace. La symétrie des OM formant l'espace actif dépend de la géométrie moléculaire. Pour des géométries linéaires le calcul se fait en symétrie C_{2v} qui a quatre représentations irréductibles notées A_1, B_1, B_2 et A_2 et la répartition de 9 OMs est la suivante: 5 de symétrie A_1, 2 de symétrie B_1 et 2 de symétrie B_2. Pour des géométries pliées le calcul se fait en symétrie C_S qui a deux représentations irréductibles A' et A'' et la répartition des OMs devient : 7 de symétrie A' et 2 de symétrie A''. Le nombre de configurations de symétrie CSFs (construites pour la première symétrie par exemple) est de 2308 en symétrie C_{2V} et de 4508 en symétrie C_S.

Pour décrire correctement la corrélation électronique à toutes le géométries et pour pouvoir comparer les différences d'énergie entre les limites de dissociation avec des valeurs expérimentales, nous avons complété le calcul CASSCF par un calcul MRCI dans lequel nous avons négligé la corrélation des électrons de cœur et où nous avons gardé la répartition des orbitales faite au niveau du calcul CASSCF.

II/ Structure électronique du système MgSH/HMgS

II-1 Positions relatives des limites de dissociation des isomères MgSH et HMgS.

Afin de déterminer la topographie des surfaces de potentiel de l'état fondamental et des premiers états excités, nous avons étudié à l'aide des données expérimentales des références [75] et [76] et de la généralisation des règles de Wigner-Witmer aux molécules triatomiques présentée dans la référence [62], la disposition relative des différentes asymptotes correspondant aux trois modes de dissociation de ces deux isomères dans les états électroniques les plus bas qui seront notés :

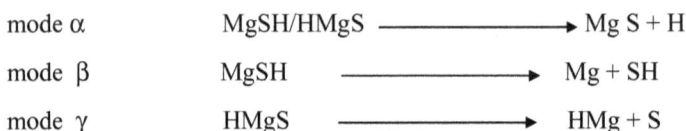

mode α MgSH/HMgS ——————→ Mg S + H

mode β MgSH ——————→ Mg + SH

mode γ HMgS ——————→ HMg + S

Les résultats de cette étude sont résumés dans la table 7 qui permet de constater que pour les premières asymptotes de plus basse énergie le trois modes de dissociation interviennent (avec une fréquence plus grande pour le mode α)

Il faut alors étudier en détail, chaque mode.

Table 7 : Asymptotes de dissociation du système MgSH/HMgS

mode	Asymptote	Etats électroniques	Energie(cm^{-1})
β	$Mg(X^1S) + SH(X^2\Pi)$	$^2\Pi$	0.00[a]
α	$MgS(X^1\Sigma^+) + H(^2S)$	$^2\Sigma^+$	8871.5
α	$MgS(a^3\Pi) + H(^2S)$	$^2\Pi, {}^4\Pi$	12662.0
α	$MgS(A^1\Pi) + H(^2S)$	$^2\Pi$	13468.5
γ	$MgH(X^2\Sigma^+) + S(^3P)$	$^{2,4}\Pi, {}^{2,4}\Sigma^-$	17420.4
β	$Mg(^3P) + SH(X^2\Pi)$	$^{2,4}\Sigma^+, {}^{2,4}\Pi, {}^{2,4}\Sigma^-, {}^{2,4}\Delta$	21856.1
γ	$MgH(A^2\Sigma^+) + S(^1D)$	$^2\Sigma^+, {}^2\Pi, {}^2\Delta$	26614.5
β	$Mg(^1S) + SH(A^2\Sigma^+)$	$^2\Sigma^+$	30969.6
α	$MgS(B^1\Sigma^+) + H(^2S)$	$^2\Sigma^+$	31937.4

[a]La référence d'énergie correspond à la limite de dissociation la plus basse.

II-2 Coupes à une dimension des surfaces de potentiel de MgSH et de HMgS

Pour ces radicaux triatomiques les surfaces de potentiel sont fonction des trois coordonnées internes R_1, R_2 et θ. Nous avons procédé en première étape à des coupes unidimentionnelles de ces surfaces, où on fixe dans chaque cas deux coordonnées à leurs valeurs théoriques (obtenues par un calcul préliminaire) et on fait varier la troisième coordonnée.

II-2-1 Calcul en symétrie C_{2V}

Pour les deux modes α et β de dissociation en géométrie linéaire, la répartition des OM issues du calcul HF se fait au niveau du calcul CASSCF de la façon suivante (table 8):

Table 8: Répartition des OM au niveau du calcul CASSCF

Type des OM	Espace inactif	Espace actif	Espace externe
σ	6	5	77
π_x	2	2	38
π_y	2	2	38
δ	0	0	12

a/ Mode de dissociation α

i) Cas de MgSH

Pour ce mode qui correspond à la dissociation MgS------H, on fixe la distance R_{MgS} à 2.53 bohr (distance d'équilibre de l'état fondamental) et l'angle $\theta = Mg\hat{S}H$ à 180° puis on fait varier la distance R_{SH} de 1.6 jusqu'à 6 bohr. Dans ce cas le calcul est effectué en symétrie C_{2V}, l'état $^2\Sigma^+$ correspond à

$^2A_1$, l'état $^2\Pi$ correspond à $^2B_1$ et $^2B_2$, l'état $^2\Delta$ correspond à $^2A_1$ et à $^2A_2$ et l'état $^2\Sigma^-$ correspond à $^2A_2$. Pour reproduire tous les états doublets et quartets correspondant aux sept premières limites de dissociation MgS + H nous avons calculé trois états $^2\Sigma^+$, quatre états $^2\Pi$ et deux états $^4\Pi$. Les résultats des calculs sont représentés dans la figure1 dont l'analyse suggère les remarques suivantes :

- L'état électronique fondamental correspond en géométrie linéaire, à un $^2\Sigma^+$ et il se dissocie vers la limite la plus basse $MgS(X^1\Sigma^+) + H(^2S)$.

- Toutes les limites de dissociation correspondent à l'atome d'hydrogène dans son état fondamental et à la molécule MgS dans ses différents états électroniques excités.

- La configuration électronique de MgS dans son état fondamental $X^1\Sigma^+$ est $6\sigma^2 7\sigma^2 3\pi^4 8\sigma$ alors que le premier état excité $^3\Pi$ correspond à la configuration $7\sigma^2 3\pi^3 8\sigma^1$, et pour obtenir un état stable par interaction avec l'atome d'hydrogène ($1s^1$), il faut que les deux électrons dans les orbitales 8σ de MgS et $1s$ de l'hydrogène aient des spins opposés ce qui justifie que l'état $^2\Pi$ est lié alors que l'état $^4\Pi$ est répulsif. Ces deux états corrèlent avec la deuxième limite $MgS(^3\Pi) + H(^2S)$.

- Le deuxième état $^2\Pi$ corrèle avec la troisième limite de dissociation $MgS(^1\Pi) + H(^2S)$ et il admet une intersection conique avec le troisième $^2\Pi$ pour une distance $R_{SH} = 3.1$ bohr

Figure 1 : Coupes des fonctions d'énergie potentielle MRCI de MgSH le long du chemin de dissociation MgS----H(R_{MgS} =4.38 bohr)

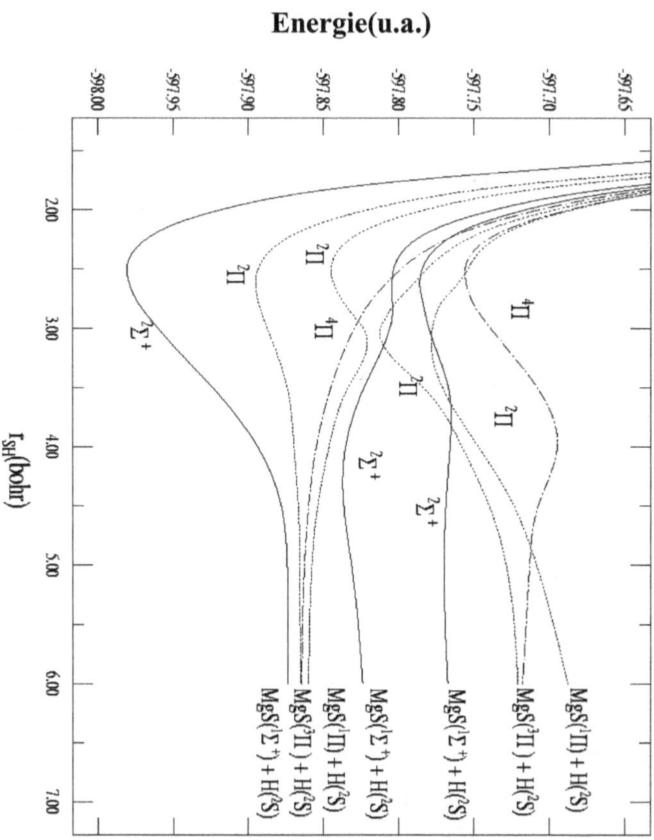

ii) Cas de HMgS

Nous avons ensuite fixé la distance R_{MgS} à la valeur 4.38 bohr correspondant à la géométrie d'équilibre de l'état fondamental de HMgS et nous avons fait varier toujours en géométrie linéaires la distance H----MgS entre 1.8 et 9 bohr.

Etant donnée que l'isomère HMgS est moins stable que MgSH nous avons limité le calcul dans ce cas aux états $^2\Sigma^+$, $^2\Pi$ et $^4\Pi$ qui corrèlent avec les cinq premières limites de dissociation. Les résultats de ces calculs qui sont représentés sur la figure 2 montrent que :

- Contrairement à MgSH (voir figure 1), l'état fondamental de HMgS est un $^2\Pi$ et il se dissocie vers la deuxième limite $MgS(^3\Pi) + H(^2S)$ (Plus de détails concernant la connexion entre les trois états électroniques les plus bas des deux isomères seront présentés ultérieurement).

- Les deux états $X^2\Pi$ et $A^2\Sigma^+$ sont proches en énergie et séparés des autres états excités. C'est pour cette raison que lors de la résolution de l'équation de Schrödinger nucléaire nous nous limiterons à ces deux états. L'état $A^2\Sigma^+$ se dissocie vers la première limite $MgS(^1\Sigma^+) + H(^2S)$ et admet une intersection avec l'état fondamental pour $R_{MgH} = 7$ bohr.

- Dans les deux isomères l'état $^4\Pi$ est toujours dissociatif.

b Mode de dissociation β

Ce mode correspond à la dissociation Mg----SH et il est possible seulement pour l'isomère le plus stable MgSH. Dans nos calculs l'angle est égal à 180°, la distance R_{SH} est fixée à la valeur 2.53 bohr correspondant à la géométrie

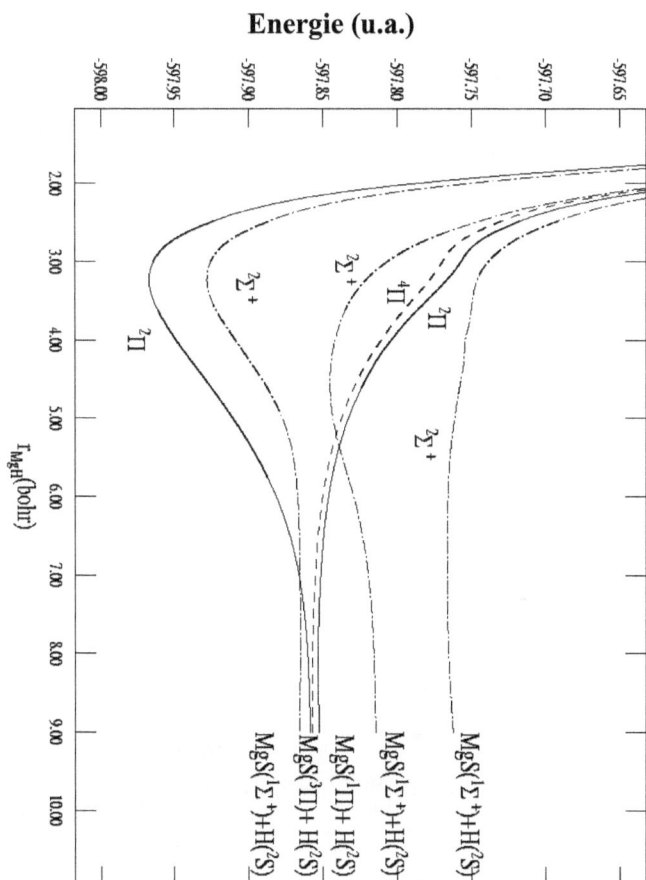

Figure 2 : Coupes des fonctions d'énergie potentielle MRCI de HMgS le long du chemin de dissociation H-----MgS (R_{MgS} = 4.38 bohr)

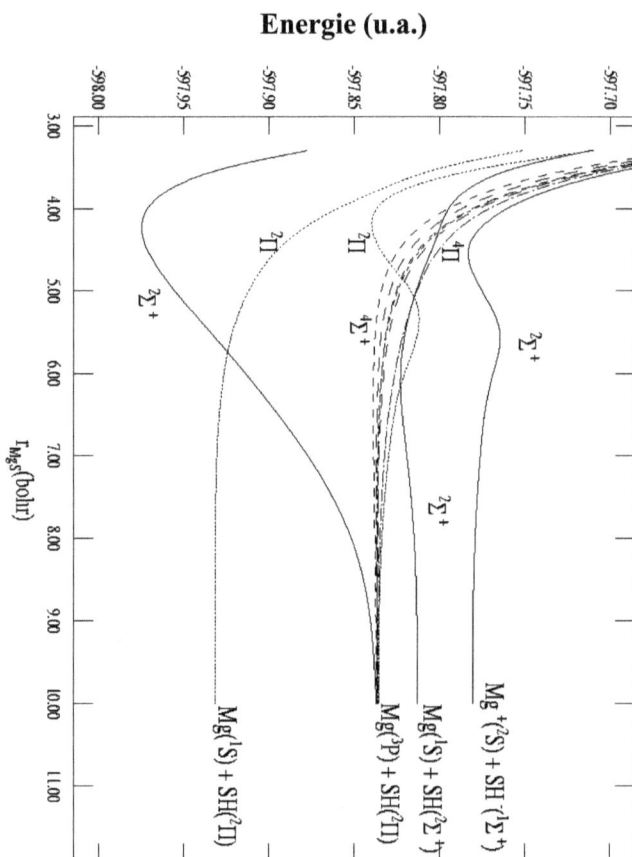

Figure 3 : Coupes des fonctions d'énergie potentielle MRCI de MgSH le long du chemin de dissociation   Mg-----SH (R_{SH} = 2.53 bohr)

d'équilibre de l'état fondamental, et la distance R_{MgS} varie de 3.4 à 10 bohr. Dans la figure 3 nous représentons les courbes de potentiel des 11 états (doublets et quartets) correspondant aux quatre limites de dissociation les plus basses.

Pour ce mode de dissociation on remarque que :

- l'état $A^2\Pi$ est répulsif et se dissocie vers la limite la plus basse $Mg(X^1S) + SH(X^2\Pi)$. Il coupe l'état fondamental $^2\Sigma^+$ pour une distance
- R_{MgS} voisine de 5.75 bohr et ceci conduit à une intersection conique quand on plie la molécule.

- La deuxième limite de dissociation regroupe huit états dont le seul état stable est l'état fondamental $^2\Sigma^+$. Ceci peut se comprendre en regardant les configurations électroniques de Mg et de SH. En effet, la configuration de Mg dans son premier état excité ^3P est $1s^2\ 2s^2\ 2p^6\ 3s^1\ 3p^1$ et celle de SH dans son état fondamental est $(3s\sigma)^2(3p\sigma)^2(3p\pi)^3$ et la seule combinaison pouvant conduire à un état lié ne peut se faire qu'entre les orbitales $3p\pi$ et $3p$ conduisant ainsi à l'état $^2\Sigma^+$.

- Le troisième état $^2\Sigma^+$ correspondant à la limite ionique $Mg^+(^2S) + SH^-$ ($^1\Sigma^+$) est l'un des trois états (les deux autres états sont $X\ ^2\Sigma^+$ et $B\ ^2\Pi$) ayant un minimum local en structure linéaire.

- Pour des distances R_{MgS} supérieures à 6 bohr les états doublets et quartets sont très proches en énergie et le couplage spin-orbite sera important impliquant, par ailleurs, d'autre effets de couplage et l'interaction à grande distance entre Mg et SH devient difficile à étudier.

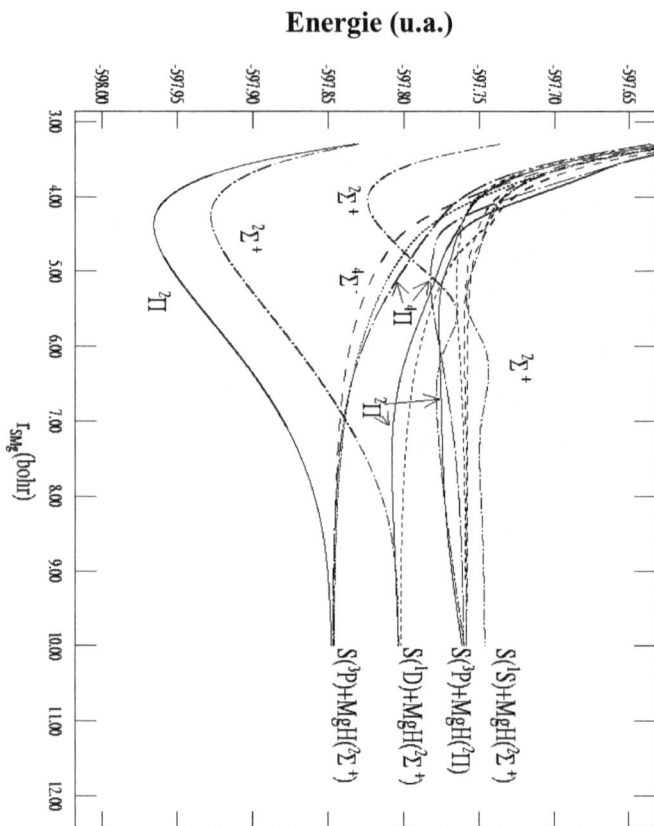

Figure 4 : Coupes des fonctions d'énergie potentielle MRCI de HMgS le long du chemin de dissociation HMg-----S (R_{MgH} = 3.2 bohr)

- L'état $B^2\Pi$ admet une barrière de potentiel à la dissociation.

c/ Mode de dissociation γ

Ce mode concerne l'isomère HMgS puisqu'il correspond à la dissociation HMg---S. Pour une valeur de R_{MgH} fixée à 3.20 bohr et pour des valeurs de R_{MgS} allant de 3.4 à 10 bohr, les coupes des surfaces de potentiel de tous les états doublets et quartets correspondant aux cinq premières limites de dissociation sont données dans la figure 4 qui montre que :

- Contrairement au mode de dissociation α donné dans la figue 2, l'état fondamental $^2\Pi$ de HMgS se dissocie selon le mode γ (avec trois autres états répulsifs), vers la première limite $S(^3P)$ +MgH($^2\Sigma^+$) et il n'admet pas d'intersection avec le premier état excité $A^2\Sigma^+$.

- Les états $A^2\Sigma^+$ et $B^2\Sigma^+$ sont les seuls états excités admettant un minimum stable et ils corrèlent respectivement avec la deuxième et la troisième limite de dissociation.

- Le deuxième et le troisième état $^2\Sigma^+$ admettent une intersection conique pour une distance R_{SMg} proche de 5.5 bohr.

- Le minimum de l'état $B^2\Sigma^+$ est situé à une distance R_{SMg} légèrement plus petite que celui de l'état $A^2\Sigma^+$.

II-2-2 Calcul en symétrie C_S

L'effet de l'angle de pliage θ est étudié en faisant des calculs où l'on fixe les longueurs de liaisons aux valeurs correspondant à la géométrie d'équilibre de l'état fondamental (R_{MgS} = 4.38 dans les deux cas, R_{SH} = 2.53 bohr pour

MgSH et R_{MgH} = 3.20 bohr pour HMgS). Dans ces calculs effectués en symétrie C_S (molécules pliées) la répartition des OM de l'espace actif du calcul MCSCF est donné dans la table ci-dessous.

Table 9 : Répartition des OM au niveau du calcul CASSCF en symétrie C_S

Type des OM	Espace inactif	Espace actif	Espace externe
a′	8	7	115
a″	2	2	50

Cette répartition s'obtient à partir de celle du calcul en symétrie C_{2V}, en faisant la correspondance de π_y et σ avec a′ et de π_x et δ avec a″. Le nombre de configurations non contractées générées au niveau du calcul MRCI est de 43534288.

a/ Cas de MgSH

Pour cet isomère, nous avons fait varier l'angle θ entre 60° et 180° , les coupes des surfaces de potentiel des trois états $^2A′$ et des deux états $^2A″$ qui correspondent aux états $X^2\Sigma^+$, $A^2\Pi$ et $B^2\Pi$ en linéaire, sont représentées sur la figure 5. L'état fondamental de MgSH est un état $^2A′$ avec un minimum autour de 90° (la géométrie d'équilibre exacte calculée avec plusieurs bases et plusieurs méthodes sera donnée dans la table A-8 du chapitre suivant). Un croisement évité entre le deuxième et le troisième état $^2A′$ est localisé pour un angle de l'ordre de 140° conduisant à un couplage vibronique entre les deux

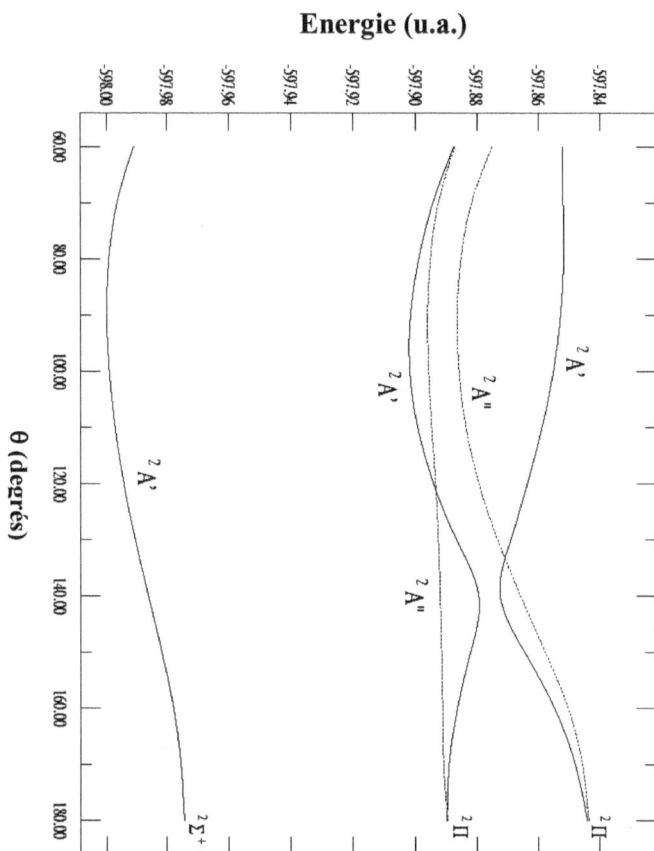

Figure 5 : Coupes des fonctions d'énergie potentielle MRCI de MgSH le long de l'angle de pliage (R_{MgS} = 4.38 bohr et R_{SH} =2.53 bohr)

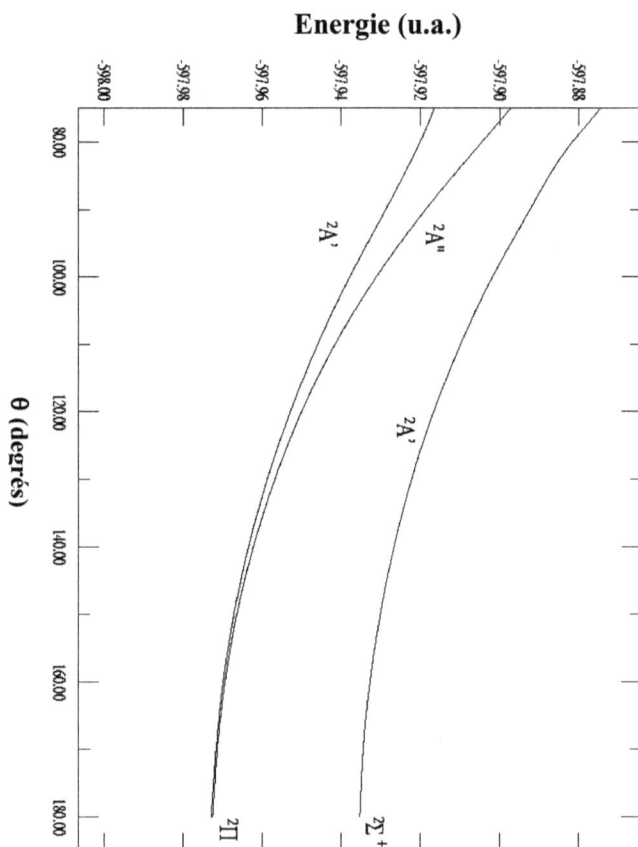

Figure 6 : Coupes des fonctions d'énergie potentielle MRCI de HMgS le long de l'angle de pliage (R_{MgS} = 4.38 bohr et R_{MgH} = 3.20 bohr)

états ^{2}A$'$ et ^{2}A$''$ qui sont dégénérés pour les conformations linéaires ($^2\Pi$) et formant de ce fait des systèmes Renner-Teller. L'état fondamental est bien séparé des états excités et par conséquent *__seule sa spectroscopie sera étudiée dans le chapitre suivant.__* Enfin, on remarque qu'un état ^{2}A$'$ et deux états ^{2}A$''$ont leurs minima dans la région Franck-Condon de l'état fondamental.

b/ Cas de HMgS

Pour cet isomère, nous avons limité notre étude pour le comportement en pliage, aux deux premiers états $X^2\Pi$ et A $^2\Sigma^+$ qui sont séparés des autres états excités (voir figure 2). La figure 6 montre que l'isomère HMgS est linéaire dans son état fondamental et dans son premier état excité. Les deux premiers états ^{2}A$'$ et ^{2}A$''$ forment un système Renner-Teller linéaire-linéaire et, vu qu'ils restent très proches en énergie jusqu'à un angle de 130°, **on peut prévoir que le couplage donnant lieu à ce dédoublement sera de faible amplitude par rapport à d'autres couplages tel que l'interaction spin-orbite**. Cette conclusion sera confirmée de manière quantitative dans le chapitre suivant.

II-3 représentation tridimentionnelle des surfaces de potentiel des trois premiers états électroniques les plus bas du système MgSH/HMgS

II-3-1 Détails du calcul CASSCF

Cette étape constitue une exploration rapide des surfaces de potentiel du système MgSH/HMgS dans les trois états électroniques les plus bas. En géométrie linéaire, les deux états $X^2\Pi$ et A $^2\Sigma^+$ de HMgS corrèlent, quand on plie la molécule, avec les trois états $X\,^2$A$'$, A ^{2}A$'$ et B ^{2}A$''$ de MgSH. Cette exploration est faite dans le but d'étudier par la suite le chemin d'isomérisation de ce système. Les surfaces de potentiel de ces trois états sont obtenues à partir des énergies

Figure 7 : Grille de points H(x, z)

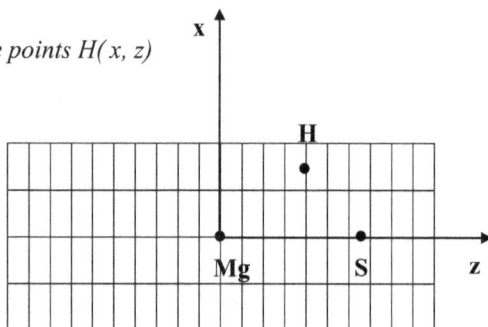

électroniques CASSCF calculées pour une grille de points construite de la façon suivante : L'atome de magnésium occupe l'origine (0,0,0), l'atome du soufre est situé sur l'axe des z à la distance 4.38 bohr correspondant à la géométrie d'équilibre de l'état fondamental et l'atome d'hydrogène occupe différentes positions, dans le plan xoz, caractérisées par les coordonnées cartésiennes x_H et z_H variant avec un pas de 0.3 bohr.

Dans chaque calcul CASSCF, les trois états sont moyennés ensemble pour tenir compte des leurs interactions mutuelles

II-3-2 Représentation des surfaces de potentiel

Nous donnons sur les figures 8, 9 et 10 les représentations tridimentionnelles des surfaces de potentiel de MgSH dans les trois états X^2A', A $^2A'$ et B $^2A''$.

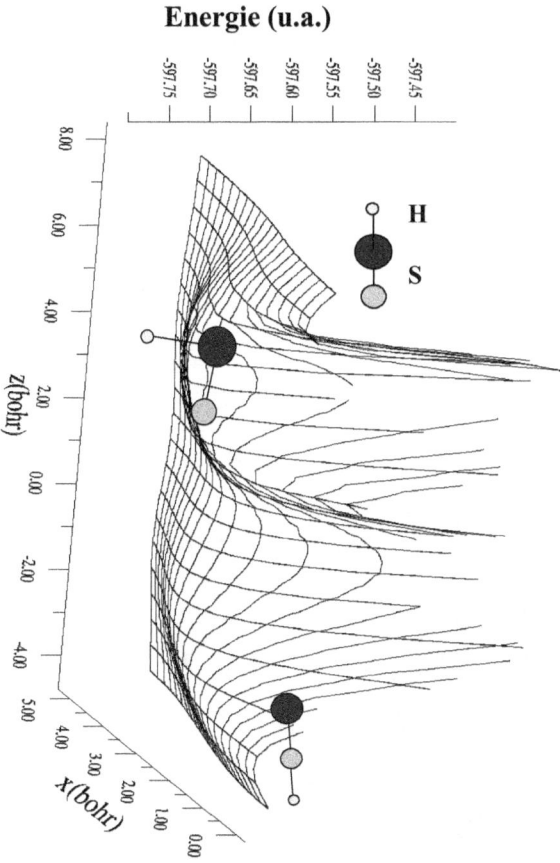

Figure 8 : Surface d'énergie potentielle CASSCF de l'état X^2A' du système MgSH/HMgS (R_{MgS} = 4.38 bohr)

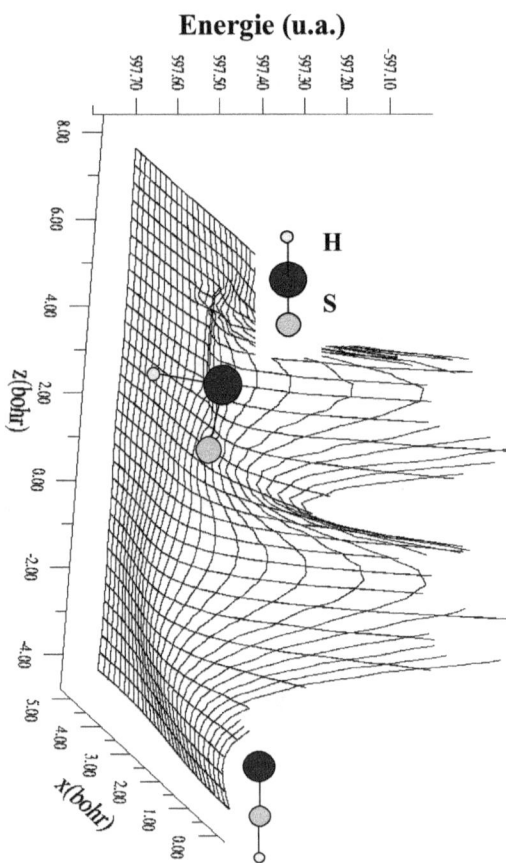

Figure 9 : Surface d'énergie potentielle CASSCF de l'état A^2A' du système MgSH/HMgS (R_{MgS} = 4.38 bohr)

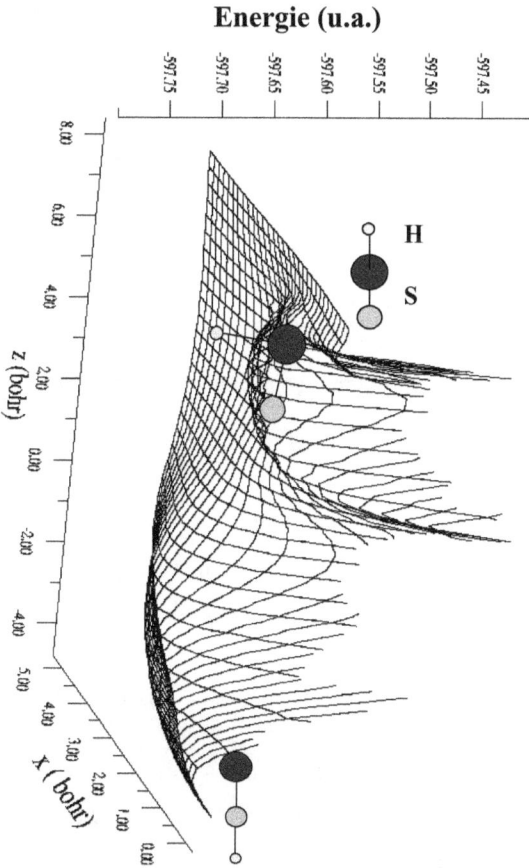

Figure 10 : Surface dénergie potentielle CASSCF de l'état B^2A'' du système MgSH/HMgS (R_{MgS} = 4.38 bohr)

La figure 8 montre que la surface du premier état X^2A', admet deux minima : l'un correspond à l'isomère HMgS alors que le plus bas correspond à l'isomère le plus stable MgSH. Ce dernier est caractérisé par une géométrie pliée alors que dans le cas de l'isomère HMgS le minimum correspond à une géométrie d'équilibre linéaire.

D'après la figure 9 on constate que pour le premier état électronique excité A^2A' la situation est inversée par rapport au cas précédent et c'est plutôt l'isomère HMgS qui est le plus stable.

Un comportement semblable est illustré pour le deuxième état électronique excité B^2A'' ou l'isomère HMgS correspond à la configuration la plus stable.

Donc à l'état fondamental X^2A' l'atome d'hydrogène a tendance à se placer préférentiellement du coté de l'atome soufre alors que dans les états excités A^2A' et B^2A'' il tend à se positionner plutôt au voisinage de l'atome métallique Mg.

Il s'avère maintenant intéressant d'exploiter les figures 8,9 et 10 afin de déterminer profil énergétique traduisant le mechanisme de la réaction d'isomérisation MgSH $\longrightarrow$ HMgS

II -3-3 Chemin d'isomérisation du système MgSH/HMgS

Pour chacun des états électroniques étudiés ci-dessus, l'existence des minima d'énergie pour les deux isomères nous a amené à étudier sur les trois surfaces, le chemin de plus basse énergie correspondant à l'isomérisation du système MgSH/HMgS en passant par un point selle (barrière de potentiel à franchir pour passer d'un isomère à l'autre). Pour ces trois états, ces chemins ont été déterminés en cherchant la valeur minimale de l'énergie pour chaque position de l'atome d'hydrogène repéré par l'angle α (voir figure 11) et en gardant toujours la distance R_{MgS} égale à 4.38 bohr. Ces chemins sont représentés sur la figure 12.

Figure 11 : Système d'axes choisi.

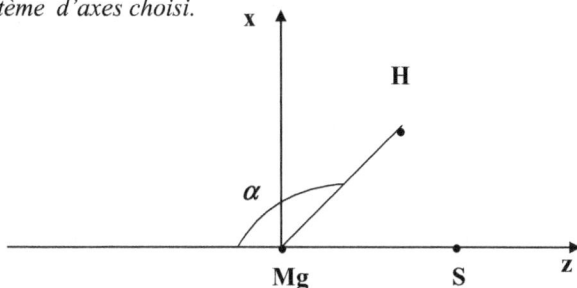

La figure 12 montre la nécessité de la prise en compte des trois états X^2A', A^2A' et B^2A'' pour l'étude de l'isomérisation du système MgSH/HMgS à l'état fondamental.

L'état fondamental X^2A' de MgSH corrèle avec la composante Renner-Teller $^2A'$ de l'état fondamental $X^2\Pi$ de HMgS alors que l'autre composante $^2A''$ correspond au deuxième état excité de MgSH, le deuxième état $^2A'$ corrèle avec l'état $A^2\Sigma^+$ de HMgS.

II-3-4 Calcul MRCI des profils énergétiques pour les états X^2A', A^2A' et B^2A''.

Les calculs CASSCF effectués précédemment nous ont permis de localiser les

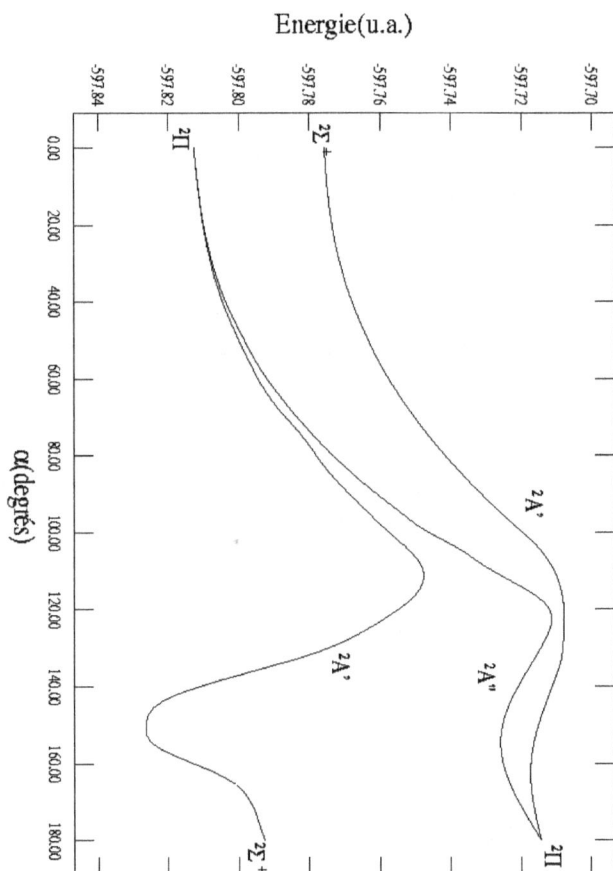

Figure 12: Chemin d'isomérisation (calcul CASSCF) en fonction de l'angle α pour les trois états X^2A', A^2A' et B^2A' de MgSH (R_{MgS} = 4.38 bohr)

différents points stationnaires des trois états X^2A', A^2A' et $B\ ^2A''$. Nous avons effectué ensuite, pour différentes géométries autour de chaque point stationnaire, des calculs MRCI afin de déterminer avec précision ses coordonnées et tracer les profils d'énergie données dans les trois figures 13, 14 et 15.

L'analyse de ces trois profils nous permet de faire les constatations suivantes :

D'après la figure 13 (qui correspond à l'état fondamental) :

- L'isomère le plus stable (MgSH) correspond à la disposition ou l'hydrogène est du coté de l'atome le plus électronégatif (le soufre) et la différence d'énergie entre les minima des états X^2A' de MgSH et $X^2\Pi$ de HMgS est égale à 7900 cm^{-1}.

- L'isomère MgSH a une géométrie d'équilibre pliée dans son état fondamental alors que l'autre isomère HMgS possède une géométrie linéaire. Ce système possède 9 électrons de valence et les règles de Walsh [79] sont satisfaites seulement par HMgS. Cependant, la justification des géométries d'équilibre peut être obtenue par la théorie VSEPR [80]. En effet la configuration électronique de l'état X^2A' est $(11a')^2 (12a')^1 (3a'')^2$ et celle de l'état $X^2\Pi$ est $(8\sigma)^2 (9\sigma)^2 (3\pi)^3$ et la localisation des doublets non liants autour de l'atome de soufre dans MgSH donne une géométrie pliée alors que dans HMgS il n'y a pas de doublets non liants autour de l'atome de magnésium.

- L'énergie de dissociation de MgSH vers la limite la plus basse

$Mg(^1S) + SH(X^2\Pi)$ (voir table 1) est égale à 17982.5 cm^{-1} et elle ne peut être atteinte que via l'intersection conique avec l'état A^{2}A' qui correspond à une intersection entre les états $X^2\Pi$ et $A^2\Sigma^+$ en calcul C$_{2V}$ (voir figure 1). Pour HMgS, la première asymptote directement accessible est $MgS(X^1\Sigma^+) + H(^2S)$ mais elle est située à 8871.5 cm^{-1} au dessus de la plus basse asymptote $Mg(^1S) + SH(X^2\Pi)$ du système MgSH/HMgS. Pour cette raison, l'énergie de dissociation de HMgS est aussi définie comme étant la différence entre le minimum de son état $X^2\Pi$ et la limite la plus basse $(Mg(^1S) + SH(X^2\Pi))$. La valeur trouvée est égale à 10072.5 cm^{-1} et il faut remarquer que cette limite ne peut pas être atteinte directement mais seulement par migration de l'atome d'hydrogène le long du chemin d'isomérisation.

- L'énergie d'activation de la réaction $Mg(^1S) + SH(X^2\Pi) \longrightarrow MgSH(X^2A')$ est faible (2887 cm^{-1}). La formation de MgSH à partir de Mg et SH, est alors énergétiquement favorisée et cette réaction est exothermique.

- La réaction de dissociation $MgSH(X^2A') \longrightarrow Mg(^1S) + SH(X^2\Pi)$ est plus probable que la réaction de conversion interne MgSH $\longrightarrow$ HMgS puisque le complexe activé correspondant à ce processus d'isomérisation est situé à un niveau d'énergie plus haut que la barrière de dissociation (voir figure 13).

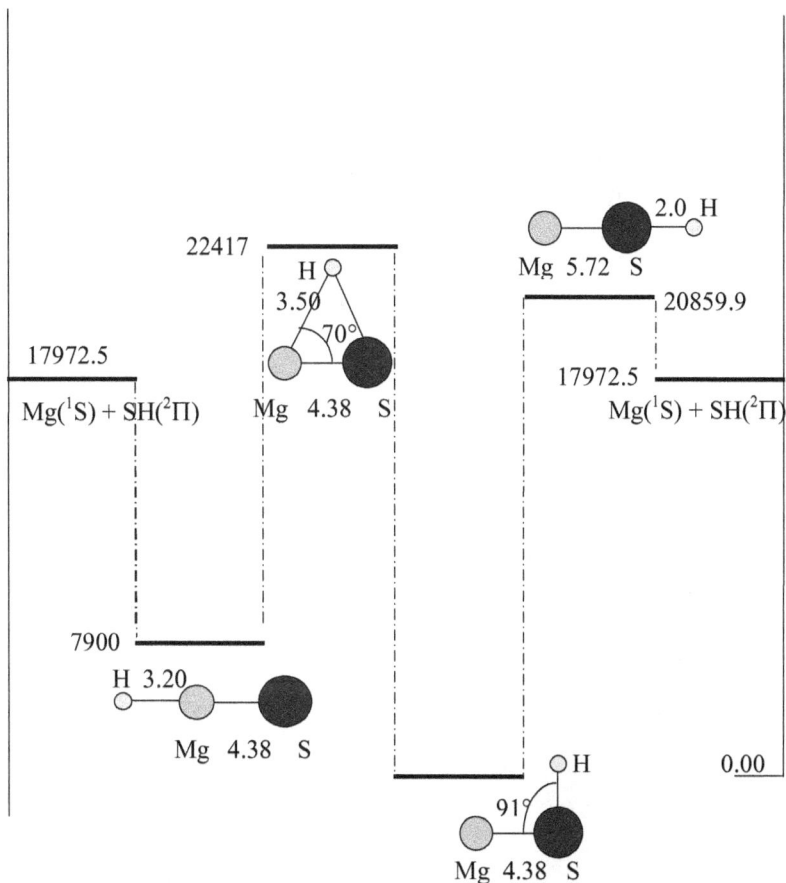

Figure 13 : Profil de l'énergie potentielle MRCI du système MgSH/HMgS à l'état X^2A' (les énergies sont en cm^{-1} , les distances en bohr et les angles en degrés)

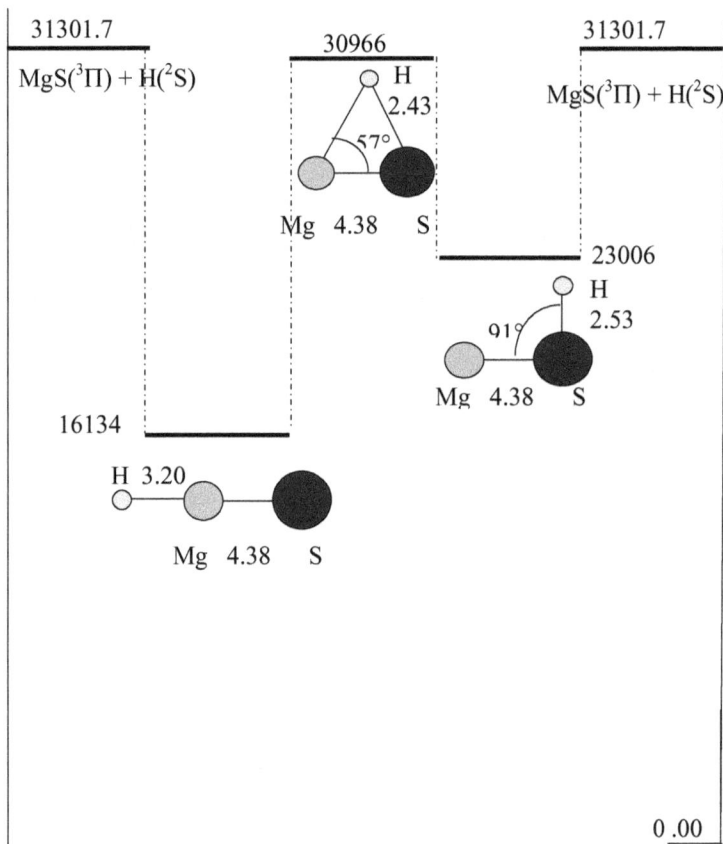

Figure 14 : Profil de l'énergie potentielle MRCI du système MgSH/HMgS à l'état A^2A' (les énergies sont en cm^{-1}, les distances en bohr et les angles en degrés)

L'origine des énergies est toujours l'état X^2A' de MgSH

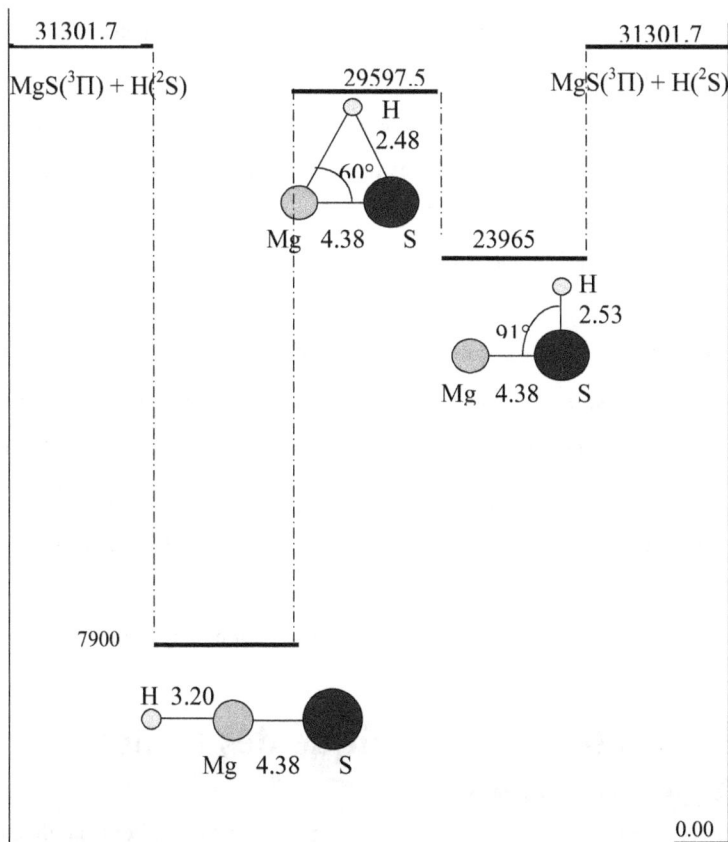

Figure 15 : Profil de l'énergie potentielle MRCI du système MgSH/HMgS
à l'état B $^2A''$ (les énergies sont en cm^{-1}, les distances en bohr et les
angles en degrés)

L'origine des énergies est toujours l'état X^{2}A' de MgSH

- Pour l'isomère MgSH, la barrière à la linéarité (5683 cm^{-1} : différence entre les minimums d'énergie de la géométrie d'équilibre linéaire et la géométrie d'équilibre pliée) est situé en dessous de la barrière à la dissociation. On aura alors la succession suivante :

MgSH (géométrie pliée) $\longrightarrow$ MgSH (géométrie linéaire)

D'après la figure 14 (qui correspond à l'état A^2A'):

- L'isomère HMgS est plus stable que l'isomère MgSH de 6872 cm^{-1}.
- Les géométries d'équilibre des deux isomères sont proches de celles de l'état fondamental.
- La barrière à l'isomérisation est légèrement inférieure à la barrière à la dissociation

D'après la figure 15 (qui correspond à l'état B^2A'') :

- Dans l'état B^2A'', l'écart entre l'isomère le plus stable (HMgS) et l'autre isomère est de 16065 cm^{-1}. Cet écart important est dû au fait que l'état B^2A'' correspond à la deuxième composante de l'état fondamental $X^2\Pi$ de HMgS alors qu'il représente le deuxième état excité pour MgSH.
- Dans ce cas aussi la barrière à l'isomérisation est légèrement inférieure à la barrière à la dissociation.

III Structure électronique des radicaux HMgO et HBeO

Dans cette partie de notre travail, nous nous proposons d'étudier les radicaux BeOH/HBeO et MgOH/HMgO dont seuls les isomères BeOH et MgOH ont fait l'objet d'études antérieures [81,89—91,98]. Nous ferons ensuite une comparaison avec le radical soufré HMgS étudié dans le paragraphe II. Les calculs MRCI en symétrie C_{2V} et C_S seront présentés pour les deux radicaux en utilisant toujours la base A.

III-1 Calcul en symétrie C_{2V}

III-1-1 Dissociation H------MO

Pour ce mode de dissociation on fixe la distance MO aux valeurs correspondant à la géométrie d'équilibre de l'état fondamental, 2.78 bohr pour HBeO et 3.5 bohr pour HMgO puis on fait varier la distance H----MO entre 1.6 et 10 bohr pour HBeO et entre 2.4 et 10 bohr pour HMgO. Dans le calcul CASSCF on moyenne ensemble les six états ($^2\Pi(2)$, $^2\Sigma^+(2)$, $^4\Pi$ et $^4\Sigma^+$) qui corrèlent avec les quatre premières limites de dissociation. Le calcul MRCI se fait toujours dans les mêmes conditions que dans le paragraphe II. Les résultats sont donnés dans les figure 16 pour HBeO et 17 pour HMgO.

L'analyse des ces deux figures et de la figure 2 (pour la dissociation H---MgS) nous permet de constater que :

-   L'état fondamental pour les deux radicaux HMgO et HBeO est $X^2\Pi$ et ce résultat est analogue à HMgS (les trois radicaux sont isoélectroniques de valence).
-   Pour les trois molécules (HMgS, HMgO et HBeO), l'état fondamental corrèle avec la deuxième limite de   dissociation MX ($^3\Pi$) + H(^{2}S)

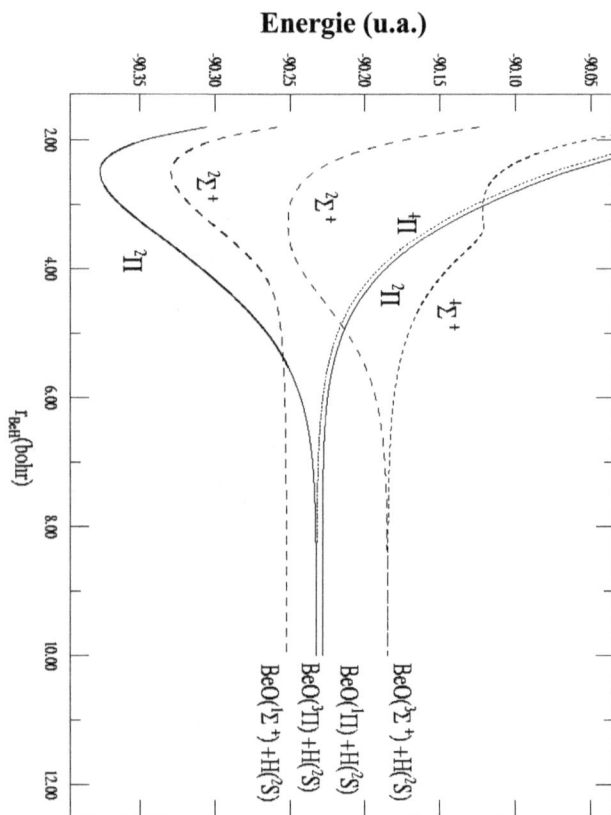

Figure 16 : Coupes des fonctions d'énergie potentielle MRCI de HBeO le long du chemin de dissociation H-----BeO (R_{BeO} = 2.65 bohr).

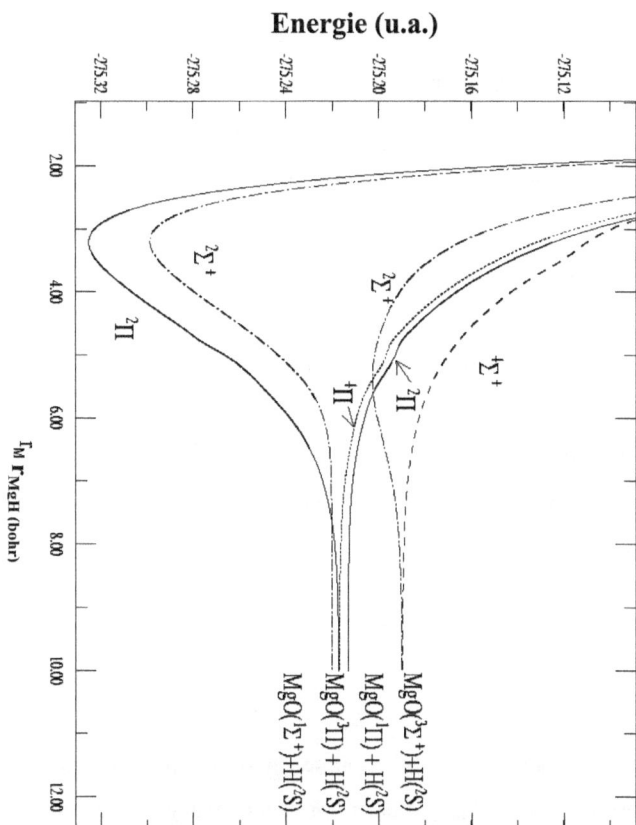

Figure 17 : Coupes des fonctions d'énergie potentielle MRCI de HMgO le long du chemin de dissociation H-----MgO (R_{MgO} =3.39 bohr).

avec M = Mg ou Be et X = O ou S. Le premier état excité $A^2\Sigma^+$ est proche de l'état fondamental au voisinage de l'équilibre, mais croise ce dernier pour les grandes distances M—H (autour de 6 bohr) et corrèle avec la limite de dissociation la plus basse MX $(^1\Sigma^+)$ + H(^2S).

- L'état $B^2\Sigma^+$ présente un croisement évité avec l'état $A^2\Sigma^+$ pour des distances M—H voisines de 5 bohr pour HMgX et 4 bohr pour HbeO. Il corrèle tout seul avec la limite MgS $(^1\Sigma^+)$ + H(^2S) pour HMgS alors que pour les molécules oxygénées, la corrélation se fait en compagnie de l'état $^4\Sigma^+$ vers une limite de dissociation différente MO $(^3\Sigma^+)$ + H(^2S).

On peut donc noter pour ce mode de dissociation que les trois radicaux, bien que isoélectroniques de valence, ne se comportent pas de manière analogue. Les principales différences sont dues à l'effet de l'atome métallique (puits plus profonds pour HBeO et HMgO que pour HMgS) ou à celui de l'atome du soufre ou d'oxygène présents (nature de la quatrième limite de dissociation).

III-1-2 Dissociation HM---O
Pour ce mode, on fixe les distances HM à 2.5 bohr pour HBeO et à 3.2 bohr pour HMgO puis on fait varier la distance M—O de 1.6 à 10 bohr pour HBeO et de 2 à 10 bohr pour HMgO. On se limite aux trois premières limites de dissociation car le nombre d'états correspondants est assez grand : 15 états doublets et quartets. ($^2\Pi(3)$, $^2\Sigma^+(2)$, $^2\Delta(2)$, $^{2,4}\Sigma^-(2)$, $^4\Pi(2)$, $^4\Sigma^+$ et $^4\Delta$). Les figures 18 et 19 donnent les coupes des surfaces de potentiel de ces états.

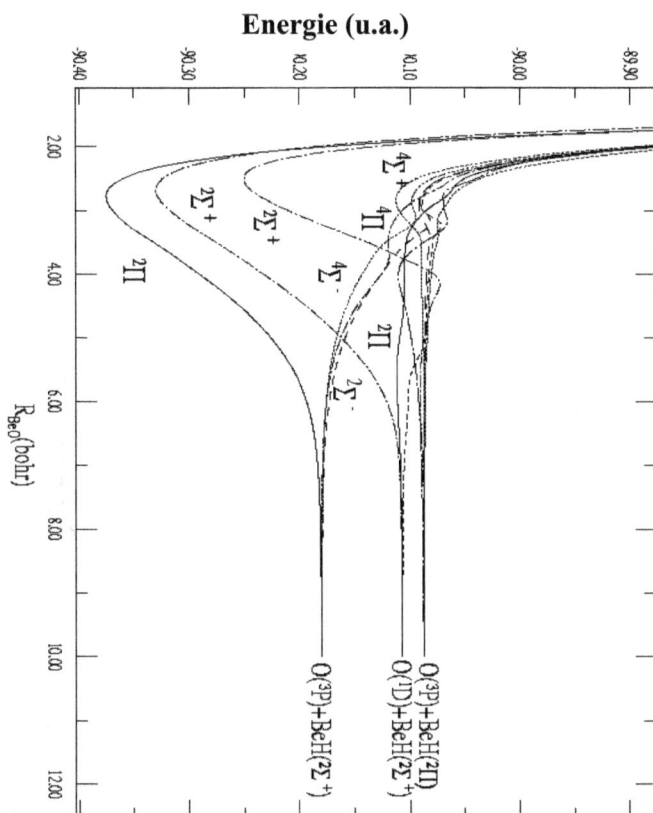

Figure 18 : Coupes des fonctions d'énergie potentielle MRCI de HBeO le long du chemin de dissociation HBe-----O (R_{HBe} =2.5 bohr) .

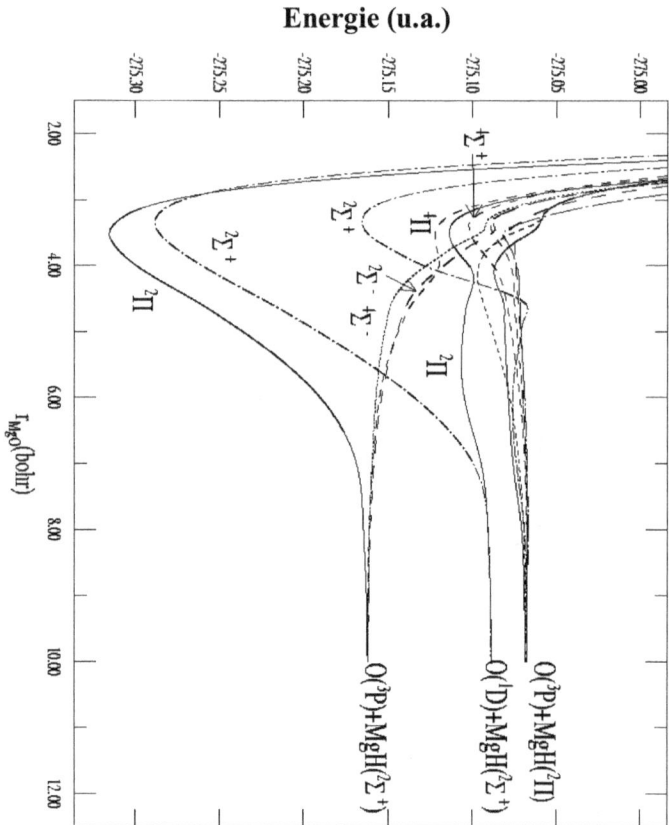

Figure 19 : Coupes des fonctions d'énergie potentielle MRCI de HMgO le Long du chemin de dissociation HMg-----O (R_{MgH} =3.20 bohr)

La comparaison des ces deux figures avec la figure 4 (pour la dissociation HMg---S) montre que :

- L'état fondamental des trois radicaux HMX corrèle maintenant avec la limite de dissociation la plus basse pour ce mode $X(^3P) + MH(^2\Sigma^+)$.

- Autour de la géométrie d'équilibre les deux états $X^2\Pi$ et $A^2\Sigma^+$ sont toujours séparés des autres états excités.

- L'état $A^2\Sigma^+$ corrèle avec la deuxième limite de dissociation $X(^1D) +$ $MH(^2\Sigma^+)$ et admet pour des distances M—X autour de 6 bohr une intersection avec des états de multiplicité et de symétrie différentes, ce qui induit des couplages rovibroniques et de spin-orbite.

- L'effet de l'atome d'oxygène ou du soufre présent est perceptible à grandes distances par comparaison des courbes 4 et 19. En effet la séparation d'énergie des deux premières limites de dissociation est plus grandes pour HMgO que pour HMgS et ceci reproduit la différence des valeurs expérimentales des énergies de transition $X(^1D)$—$X(^3P)$ entre l'oxygène (15867.8 cm^{-1}) et le soufre (9239 cm^{-1})[76].

III- 2 Calcul en symétrie C_S

Le comportement des premiers états électroniques des radicaux HBeO et HMgO en fonction de l'angle de pliage est donné sur les figures 20 et 21. Par comparaison avec la figure 6, on remarque que :

- Les trois radicaux ont une géométrie d'équilibre linéaire aussi bien à l'état fondamental $^2\Pi$ qu'au premier état excité $^2\Sigma^+$.

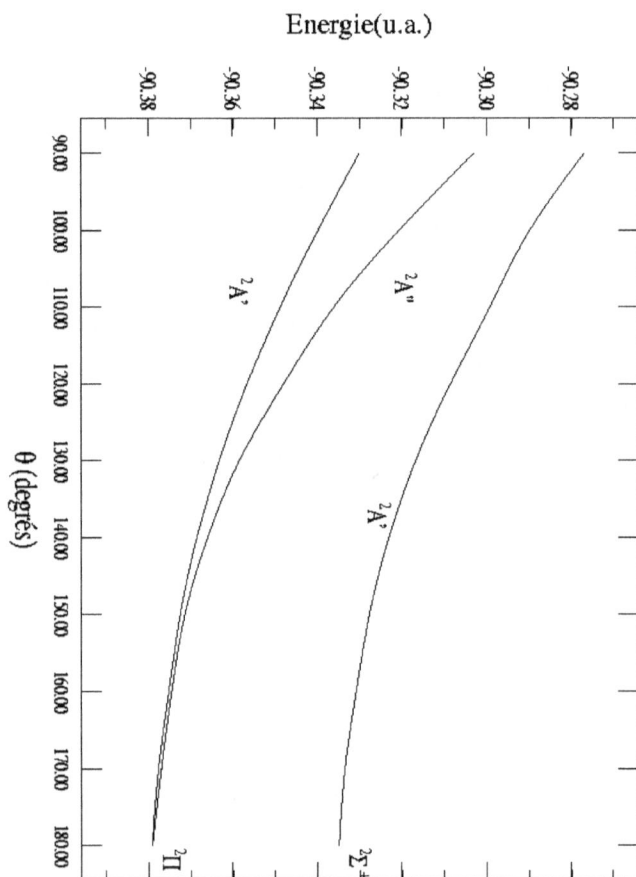

Figure 20 : Coupes des fonctions d'énergie potentielle MRCI de HBeO
le long de l'angle de pliage (R_{BeO} = 2.78 bohr, R_{BeH} = 2.5 bohr)

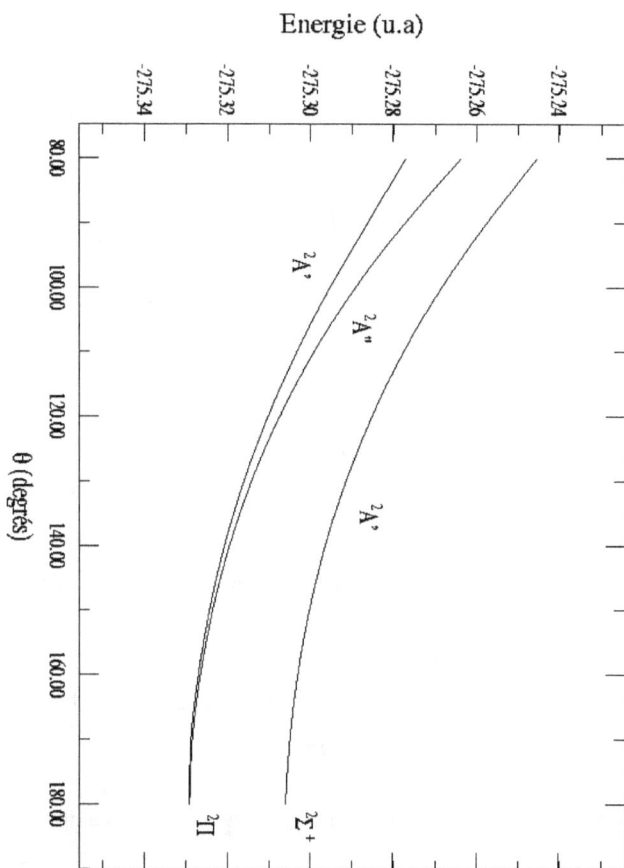

Figure 21 : Coupes des fonctions d'énergie potentielle MRCI de HMgO
le long de l'angle de pliage ($R_{MgO} = 3.54$ bohr, $R_{MgH} = 3.20$ bohr)

- L'état fondamental $^2\Pi$ se scinde en deux états ^2A' et ^2A'', et la séparation de ces deux états croit avec l'angle de pliage.
- L'écart énergétique des deux états ^2A' est pratiquement indépendant de l'angle

III-3 Profils d'énergie de HBeO et HMgO à l'état fondamental.

Une étude similaire à celle effectuée pour le système MgSH/HMgS (§ II-3-4 et figure 13) nous a permis de déterminer les profils d'énergie des systèmes BeOH/HBeO et MgOH/HMgO à l'état fondamental. Ces profils sont donnés sur la figure 22 et leur comparaison avec celui donné sur la figure 13 montre que :

- A l'état fondamental, tous les radicaux HMX sont linéaires alors que pour les isomères MXH la géométrie d'équilibre dépend du radical : BeOH et MgSH sont pliés alors que MgOH est quasi-linéaire et ceci nous permet de conclure quant à la nature de la liaison métal-halogène.

- En effet une géométrie pliée correspond à une liaison à caractère covalent dominant alors que pour une géométrie linéaire le caractère ionique est plutôt prépondérant.

- Les barrières à l'isomérisation sont du même ordre de grandeur pour les trois systèmes (≈ 1.8 eV)

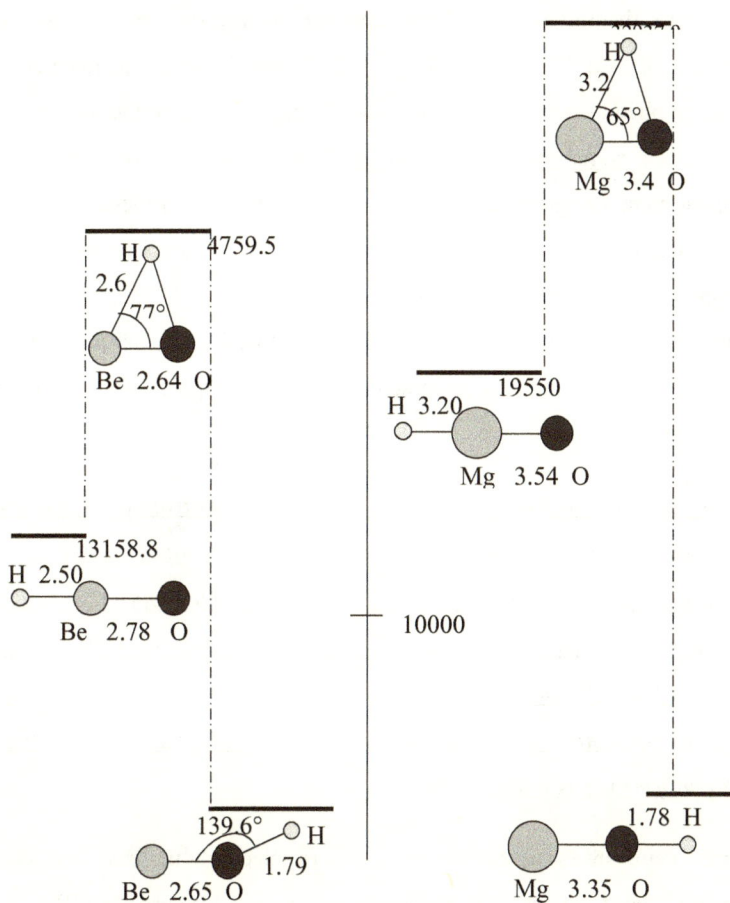

Figure 22 : Profil MRCI de l'énergie potentielle pour l'état X^2A' du système MgOH/HMgO à droite et du système BeOH/HBeO à gauche (les énergies sont en cm^{-1}, les distances en bohr et les angles en degrés)

III-4 Comparaison des systèmes MOH/HMO et MSH/HMS

Les travaux théoriques et expérimentaux ont montré que tous les radicaux MSH (MgSH, CaSH et SrSH) [77, 78, 82—87] ont à l'état fondamental, une géométrie pliée avec un angle proche de 90° et ceci nous permet de conclure que la liaison ***métal-soufre est covalente***. Pour les composés oxygénés MOH la liaison métal-oxygène change de nature selon le type du métal considéré : Dans le cas de Ca, Sr et Ba [88] , la liaison est ionique car les radicaux correspondants sont trouvés linéaires alors que pour MgOH [81, 89—91, 98], le caractère ionique est encore dominant car le radical est quasi-linéaire mais pour BeOH [81, 91, 92, 99], le caractère covalent l'emporte car la géométrie de l'état fondamental est pliée.

Pour le radical HMgS aucun travail n'a été fait au paravant alors que pour les radicaux HBeO et HMgO quelques travaux théoriques [100,101] ont montré que l'état fondamental est $^2\Sigma^+$. Ce résultat nous paraît surprenant car tous nos calculs montrent que l'état fondamental de tous les radicaux HMX est plutôt $^2\Pi$ alors que l'état $^2\Sigma^+$ est le premier état excité et le calcul fait pour l'ion HAlO$^+$ [102] qui est isoélectronique de valence des radicaux HMX confirme nos résultats.

D'après cette investigation de la structure électronique des ces quatre composés, nous avons pu montrer que pour l'isomère MgSH, l'état fondamental X^2A' est nettement séparé des états excités (voir figure 5) alors que pour les radicaux HMX, les états $X^2\Pi$ et A $^2\Sigma^+$ sont proches en énergie et séparés des autres états excités (voir figure 4, 16, et 17). *__Il est donc possible d'étudier le mouvement nucléaire dans ces états indépendamment des autres états excités et c'est ce que nous nous sommes proposés de faire dans la suite de ce travail.__*

IV Surfaces d'énergie potentielle des états électroniques X^2A' de MgSH, $X^2\Pi$ et A $^2\Sigma^+$ des radicaux HMX.

IV-1 Détails du calcul

Nous avons résolu l'équation de Schrödinger électronique par un calcul MRC I puis par un calcul RCCSD(T) et avec la base B, pour une grille de points autour de la géométrie d'équilibre de l'état X^2A' de MgSH et autour des géométries d'équilibre des états $X^2\Pi$ et $A^2\Sigma^+$ des radicaux HMX. Nous avons ensuite représenté les surfaces de potentiel des différents systèmes dans les états électroniques considérés par une représentation polynomiale de la

forme [64] : $U = \sum_{i,j,k}^{p} C_{i,j,k} F(x_1)^i F(x_2)^j F(x_3)^k$

où les coordonnées de déplacement sont définies par :

$$F(x_1) = R_{MgS} - R^e_{MgS}, \; F(x_2) = R_{SH} - R^e_{SH} \; \text{et} \; F(x_3) = \theta - \theta^e \qquad (1)$$

IV-2 Etat fondamental X^2A' de MgSH

La figure 5 montre que MgSH a une géométrie d'équilibre pliée dans son état fondamental X^2A', le calcul de la surface de potentiel de cet état se fait alors en symétrie C_S. Nous avons construit une grille de 78 points autour de la géométrie d'équilibre où les intervalles de variation des trois coordonnées internes sont :

$$3.78 \leq R_{MgS} \leq 5.38 \text{ bohr}, \ 1.99 \leq R_{SH} \leq 3.43 \text{ bohr} \text{ et } 61° \leq \theta \leq 136°.$$

Ces géométries couvrent des valeurs d'énergie allant jusqu'à 15000 cm^{-1} au dessus du minimum. Les coefficients du développement polynomial sont donnés dans la table 10.

Table 10 : Coefficients du développement polynomial de la fonction d'énergie potentielle de l'état X^2A' de MgSH issue du calcul CCSD(T).

C000:-598.02514	C100:0.00000001	C010:0.00000001	C001:-0.00000001
C200:0.04569975	C110:0.00059609	C020:0.13230451	C101 :0.001343324
C011:0.01086402	C002:0.02622338	C300:-0.0315249	C210 :-0.00027278
C120:-0.0003928	C030:-0.1235492	C201 :0.0006803	C111 :-0.00494402
C021:0.00095139	C102:0.00616520	C012:-0.0072923	C003 :-0.00671623
C400:0.01444947	C310:-0.0002489	C220:0.00075160	C130 :-0.00049985
C040:0.07613356	C301:-0.0010803	C211:-0.0012487	C121 :-0.00030887
C031:-0.0020783	C202:-0.0093180	C112:-0.0000053	C022 :-0.00592991
C103:0.01268762	C013:-0.0009943	C004 :0.0016735	C500 :-0.00523840
C410:0.00028507	C320:0.00116695	C230:0.00056602	C140 :0.000168393
C050:-0.0414597	C401 :0.0002832	C311:0.00235157	C212 :-0.00161499
C122:0.00218957	C032:-0.0005063	C203:-0.0095586	C113 :0.003313214
C023:0.00794656	C104:-0.0194481	C014:0.00665495	C005 :-0.01087684
C600:0.00117400	C420:-0.0036529	C330:0.00489359	C240 :-0.00255660
C060:0.01548077	C411:0.00063543	C321:0.01256204	C231 :0.000003955
C141:0.00002820	C402:-0.0000048	C312:0.00011062	C222 :-0.00815276
C132:-0.0106471	C042:0.00430873	C303:0.01702542	C213 :-0.00458464
C123:-0.0138404	C033:-0.0015210	C204:0.02693132	C114 :-0.01389368
C024:-0.0050074	C006:0.01493619		

La géométrie d'équilibre de cet état électronique obtenue avec les deux méthodes de calcul (MRCI et RCCSD(T)) est comparée à l'expérience dans la table ci-dessous.

Table 11 : Géométrie d'équilibre de l'etat fondamental ^2A' de MgSH

	R_{MgS} (bohr)	R_{SH} (bohr)	θ (°)
MRCI/cc-pV5Z	4.3840	2.5305	91.52
CCSD(T)/cc-pV5Z	4.3959	2.5327	92.03
MP2/6-311+G(3df,2pd)[a]	4.410	2.5327	91.1
exp[a]	4.378	2.5312[b]	87.5
RCCSD(T)/cc-pV5Z[c]	4.405	2.530	89.7

[a]Référence [86]
[b]Cette distance est fixée à la valeur théorique calculée.
[c]calcul effectué pour la géométrie R^0(qui correspond au premier niveau vibrationnel)

Notre calcul donne des valeurs de la distance R_{MgS} assez proches (un pourcentage d'erreur de 0,6 % au maximum) des valeurs expérimentales surtout pour la méthode MRCI (avec la base cc-pV5Z). Dans la référence [86], la distance R_{SH} a été fixée à la valeur théorique 2.5312 bohr et il n'y a pas de valeur expérimentale disponible mais on peut remarquer que cette distance varie très peu avec la méthode et la base utilisée et elle est pratiquement la même que pour la molécule diatomique SH (voir table 6). Les valeurs de l'angle θ calculées ont un écart de 4° par rapport à la valeur expérimentale. Etant donné que les valeurs expérimentales correspondent à une estimation de la géométrie R^0 (qui correspond au premier niveau vibrationnel) et non pas R^e (qui correspond au minimum de l'état électronique fondamental), alors on a utilisé les valeurs des constantes rotationnelles (voir table 1 du chapitre suivant) A_0, B_0 et C_0 correspondant au premier niveau vibrationnel pour déterminer la géométrie d'équilibre correspondante. Les valeurs obtenues sont données dans la dernière ligne du tableau 11 et on peut noter une diminution de l'écart entre les valeurs théoriques et expérimentales de l'angle θ.

IV-3 Etats $X^2\Pi$ et A $^2\Sigma^+$ des radicaux HMX.

Les figures 6, 20 et 21 montrent que la géométrie d'équilibre des radicaux HMX à l'état fondamental et au premier état excité est linéaire. Nous avons effectué des calculs MRCI et RCCSD(T) pour une grille de points autour de cette géométrie.

Les coefficients du développement polynomial des états $X^2\Pi$ et $A^2\Sigma^+$ ainsi obtenus sont donnés dans tables 12, 13 pour HMgS, 14, 15 pour HBeO et 16, 17 pour HMgO.

Table 12 : Coefficients du développement polynomial de la fonction d'énergi potentielle de l'état $X^2\Pi$ de HMgS (calcul CCSD(T)) .

Composante A'			
C000:-598.08902	C100:.00000000	C010:.00000000	C001: .00000698
C200:.05098377	C100:.00271233	C020:.05029410	C101: .00045429
C110:.00042757	C002:.01268439	C300:-.0352828	C100: -.00084469
C120:.00049579	C030:-.03396011	C010:.00100928	C111: .00122780
C021:.00113361	C020:-.00003569	C012:-.0006219	C003: -.00468746
C000:.01278519	C310:-.00248740	C220:-.0046400	C300: -.00272813
C040:.01169327	C301:-.00405481	C110:.00239334	C121: .00240929
C031: -.0035714	C020:-.0012993	C112:.00041822	C022:-.00045030
C030: -.0000360	C013: .00042850	C004:-.0021995	

160

Composante A''

C000:598.089020	C100:.00000000	C010:00000000	C001:.00000585
C200:.05098201	C100:.00270974	C020:.05029104	C101:.00043210
C110:.00039647	C002:.01402569	C300:.03527566	C100:-.00085003
C120:-.00049972	C030:-.03395468	C010:.00105965	C111:.00120164
C021:.00105870	C020:-.00118292	C012:-.00070649	C003:-.00541775
C000:.01278556	C310:-.00248112	C220:-.00464006	C300:-.00272619
C040:.01169364	C301:-.00387292	C110: .00227102	C121: .00231450
C031:-.00350313	C020:-.00013057	C112:.00047363	C022 :-00068370
C030:.00086788	C013: .00049954	C004:-.00206307	

Table 13 : Coefficients du développement polynomial de la fonction d'énergie potentielle de l'état $A^2\Sigma^+$ de HMgS (calcul MRCI).

Composante A'

C000:-597.94060	C100:.00000000	C010:.0000000	C200: .05513062
C110:-.00081771	C020:.05636289	C002:.0150911	C300:-.03206294
C210:-.02438287	C120:.01118770	C030:-.034216	C102: .00957371
C012:-.00411823	C400:.00253548	C310:.0742068	C220:-.14821857
C130:.08179353	C040:-.00460037	C202:-.081093	C112:.04678062
C022:-.07955406	C004:.00015408		

Table 14 : Coefficients du développement polynomial de la fonction d'énergie potentielle de l'état $X^2\Pi$ de HBeO (calcul CCSD(T)) .

Composante A'

C000:-90.397862	C100:.00000000	C010:.00000000	C200:.142811080
C110:.00214211	C020:.08152107	C002:.02035352	C300:-.14493304
C210:-.00062768	C120:-.0024206	C030:-.06308454	C102: .00281462
C012:-.00255681	C400:.08833370	C310:-.00955505	C220:-.02533837
C130:-.00727810	C040:.02620110	C202:-.01648313	C112:-.00148801
C022:-.00390599	C004:-.0007318		

Composante A''

C000:-90.39786	C100:.00000000	C010:.00000000	C200: .14311410
C110:.00160698	C020:.08145674	C002:.02542961	C300:-.14203911
C210:.00002121	C120:-.0003491	C030:-.06291992	C102:-.00532420
C012:-.00396282	C400:.08095974	C310:.00032259	C220:-.01800514
C130:-.00288948	C040:.02689275	C202:-.00504839	C112: .00270332
C022:-.00389316	C004:.00110091		

Table 15 : Coefficients du développement polynomial de la fonction d'énergie potentielle de l'état $A^2\Sigma^+$ de HBeO (calcul MRCI) .

Composante A'

C000:-90.344323	C100:.00000000	C010:.00000000	C200:.149214400
C110:.00429360	C020:.08526228	C002: .02759435	C300:-.14887571
C210:.00041498	C120:.00117477	C030:-.06195490	C102:-.00814040
C012:-.00270123	C400:.10068315	C310:-.00592578	C220:.01480409
C130:-.00672051	C040:.03326590	C202:.00176214	C112:-.00027136
C022:-.00220679	C004:.00012937	C500:-.04897711	C410:-.00017612
C320:.05406251	C230:-.00474833	C140: .01402571	C050:-.01240450
C302:-.00062871	C212:-.01570070	C122:.01955688	C032:-.00715843
C104:.00089009	C014:-.00177306	C600:.01026786	C420:-.27083333
C330:.41666667	C240:-.25416667	C060:-.00233135	C402:-.00547134
C312:.10942688	C222:-.24621048	C132:.16414032	C042:.01094269
C204:.00000000	C114:.01796136	C024:.00449034	C006:.00432400

Table 16 : Coefficients du développement polynomial de la fonction d'énergie potentielle de l'état $X^2\Pi$ de HMgO (calcul CCSD(T)).

Composante A'

C000:-275.34814	C100:-.00000043	C010:.00000202	C200:.082046100
C110:.00293695	C020:.04952147	C002:.01521614	C300:-.06826087
C210:-.00088194	C120:-.00046047	C030:-.03202217	C102:.005190440
C012:-.00098846	C400:.03974249	C310:.00027193	C220:-.00002917
C130:-.00008926	C040:.01383935	C202:-.01777074	C112:-.00401770
C022:-.00104034	C004:.00083291	C500:-.02133799	C410:-.00016504
C320:-.00050359	C230:-.0005295	C140:.00006754	C050:-.00518102

C302:-.16366637	C212:.01292484	C122:.00044101	C032:-.00079453
C104:.00038183	C014:-.00033559	C600:.00762079	C510:-.00024721
C420:.00053022	C330:-.00242564	C240:.00033599	C150:-.00022129
C060:.00131332	C402:-.00661385	C312:.13528252	C222:.010225370
C132:-.00584015	C042:.00077211	C204:-.00031009	C114:-.00095543
C024:.00049626	C006:-.00004057	C520:.00128420	C430:.000627210
C340:-.00010816	C250:.00091408	C502:.57358616	C412:.003329850
C322:.00404700	C232:.00944764	C142:-.00270544	C052:.002109130
C304:-.00034578	C214:.00122611	C124:-.00072642	C034:.000756670
C530:.00451208	C440:-.00229764	C350:.00336372	C512:-.47790814
C422:-.02825719	C332:.04349003	C242:-.02414299	C152: .01029177
C044:-.00213030	C008:.00002565		

Composante A''

C000:-275.34814	C100:-.00000043	C010:.00000202	C200:.08204610
C110:.00293695	C020:.04952147	C002:.01658843	C300:-.06826479
C210:-.00090700	C120:-.00047115	C030:-.03203061	C102:-.00137081
C012:-.00099862	C400:.03975646	C310:.00019395	C220:.000110260
C130:-.00014169	C040:.01385062	C202:-.00075463	C112:.000080330
C022:-.00078654	C004:.00136062	C500:-.02132771	C410:-.00012575
C320:-.00016559	C230:-.00000397	C140:.00006411	C050:-.00516630
C302:.00067797	C212:-.00008776	C122:.00015865	C032:.000217880
C104:-.00035557	C014:-.00044501	C600:.00760348	C510:-.00009330
C420:.00007450	C330:-.00066413	C240:.00003228	C150:-.00013500
C060:.00129899	C402:-.00039980	C312:-.00075706	C222:-.00055951
C132:.00006761	C042:-.00016325	C204:-.00012155	C114:.000162540
C024:-.00018582	C006:-.00001946	C520:.00037088	C430:.000123870
C340:.00005647	C250:-.00019544	C502:-.00033887	C412:.000549130
C322:.00028953	C232:.00026533	C142:.00030263	C052:-.00008725
C304:-.00012733	C214:.00034029	C124:-.00000024	C034:-.00005519
C530:.00155954	C440:-.00042613	C350:.00050400	C512:.001384830
C422:-.00026052	C332:.00122049	C242:.00132216	C152:-.00114477
C404:.00021648	C314:.00053279	C224:.00117743	C134:-.00025990
C044: .00018723	C008:.00001009		

Table 17 : Coefficients du développement polynomial de la fonction d'énergie potentielle de l'état $A^2\Sigma^+$ de HMgO (calcul MRCI) .

Composante A'

C000:-275.31834	C100:.00000000	C010:.00000000	C200:.09027564
C110:.00394890	C020:.05379084	C002:.01833946	C300:-.07933018
C210:-.00048554	C120:-.00059585	C030:-.0336018	C102:-.00445055
C012:-.00020597	C400:.04566246	C310:-.0016141	C220:-.00138583
C130:.00011073	C040:.01470710	C202:.00182787	C112:-.00018729
C022:-.00059648	C004:.00188887	C500:-.0164282	C410:.00132541
C320:.02255701	C230:-.01745220	C140:.01175327	C050:-.00210613
C302:.02718479	C212:-.05565716	C122:.05414718	C032:-.00785255
C104:.00623323	C014:-.00553634	C600:.00161210	C420:-.04166667
C330:.08333334	C240:-.05000000	C060: -.0055307	C402:-.06018479
C312:.21885376	C222:-.24621049	C132:.16414032	C042:-.04650642
C204:-.03592273	C114:.04490341	C024:-	C006:-.00098273

Les géométries d'équilibre des différentes molécules dans les états électroniques étudiés sont données dans les tables 18 et 19

Table 18 : Géométries d'équilibre pour l'état $X^2\Pi$ (toutes les distances sont en bohr)

	HBeO	HMgO	HMgS
R_{BeO}	2.7756[a] 2.7791[b]		
R_{MgO}		3.5405 3.5379	
R_{MgS}			4.3757 4.3667
R_{BeH}	2.5062 2.5038		
R_{MgH}		3.2091 3.2002	3.2057 3.2084

[a]Calcul RCCSD(T), [b]Calcul MRCI

Table 19 : Géométries d'équilibre pour l'état A $^2\Sigma^+$ obtenues par le calcul MRCI (toutes les distances sont en bohr

	HBeO	HMgO	HMgS
R_{BeO}	2.6765		
R_{MgO}		3.3908	
R_{MgS}			4.2736
R_{BeH}	2.4995		
R_{MgH}		3.1840	3.1907

D'après les tableaux 18 et 19 on peut remarquer que :

- Pour les radicaux HMgS et HMgO la distance R_{MgH} est pratiquement la même pour l'état fondamental et pour l'état excité

- Pour les radicaux HMgO et HBeO, la distance R_{MH} est plus petite que la distance R_{MO} mais leur différence est pratiquement la même pour les deux isomères (autour de 0.3 bohr).

- Les calculs MRCI et RCCSD(T) donnent des valeurs des géométries d'équilibre très voisines.

Les représentations en courbes de niveaux des surfaces de potentiel ainsi obtenues sont données sur les figures 23, 24 et 25. Dans chaque cas la troisième coordonnée est fixée à sa valeur d'équilibre (voir table 18). Ces figures montrent la régularité de ces surfaces de potentiel jusqu'à 6000 cm^{-1} au dessus du minimum.

Figure 23 : Représentation en courbes de niveau de la surface de potentiel de HBeO dans l'état X^2A' ; dans chaque figure la troisième coordonnée est fixée à sa valeur d'équilibre (voir table 18). Le pas en énergie est de 500

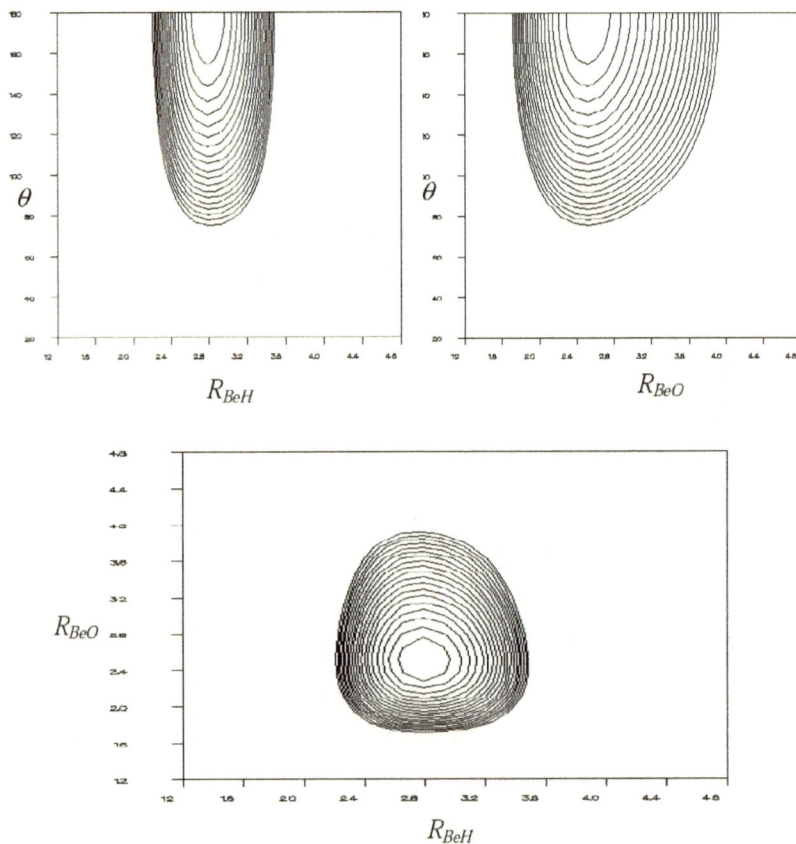

Figure 24 : Représentation en courbes de niveau de la surface de potentiel de HMgO dans l'état X^2A' ; dans chaque figure la troisième coordonné est fixée à sa valeur d'équilibre (voir table 18). Le pas en énergie est de 500 cm^{-1}

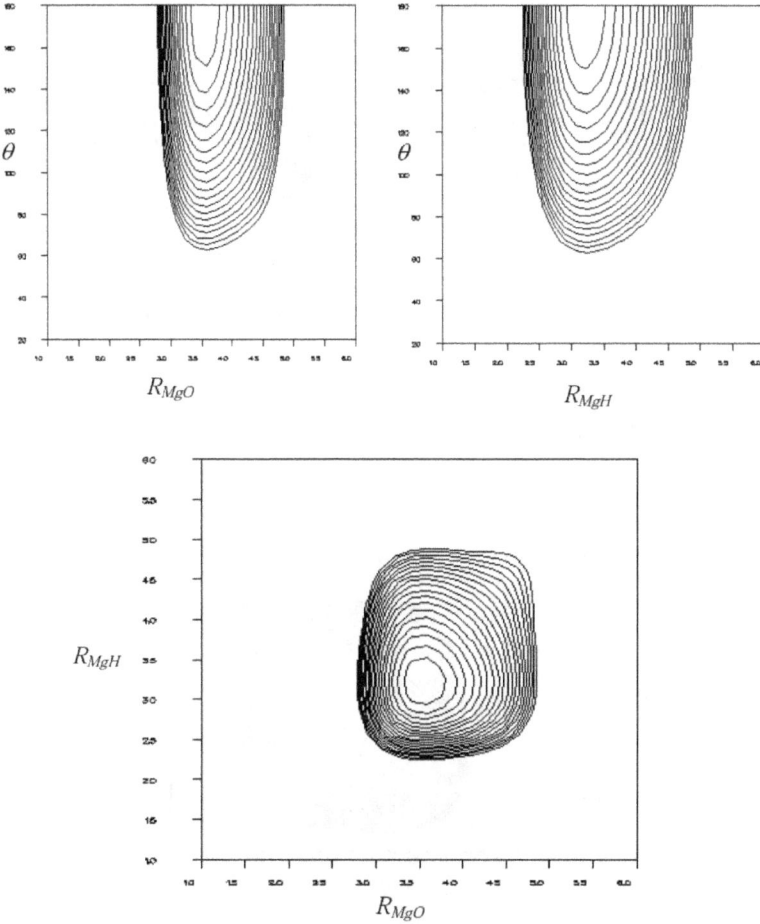

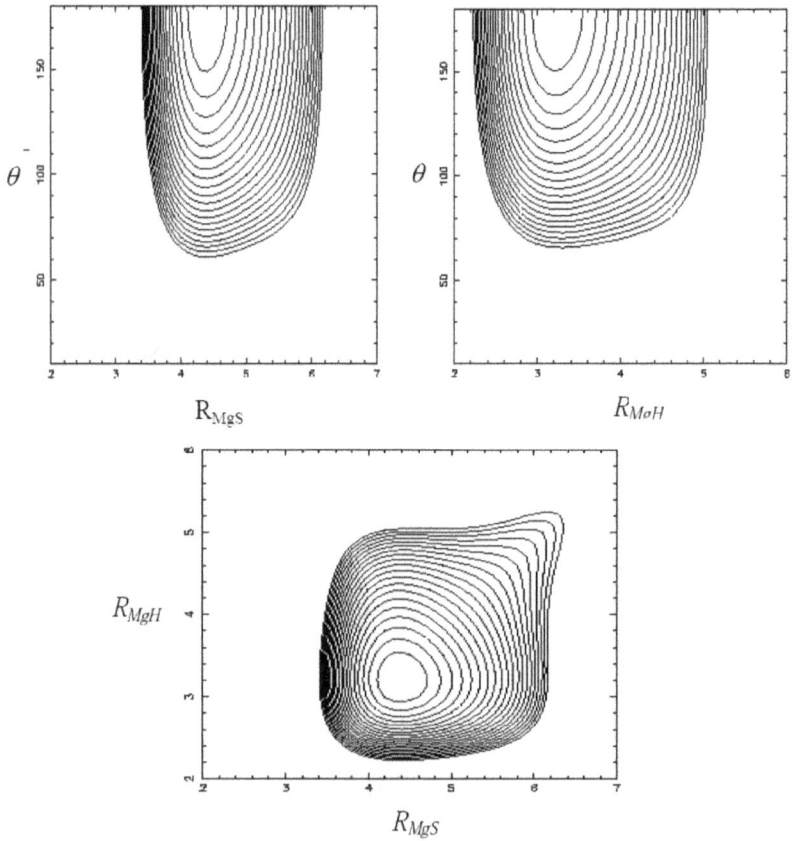

Figure 25 : Représentation en courbes de niveau de la surface de potentiel de HMgS dans l'état X^2A' : dans chaque figure la troisième coordonnée est fixée à sa valeur d'équilibre (voir table 18). Le pas en énergie est de 500 cm^{-1}

V- Transitions électroniques

Pour compléter cette étude sur la structure électronique des radicaux MgSH, HMgS, HMgO et HBeO, nous avons étudié, pour chaque radical, les moments de transition entre l'état fondamental et le premier état excité et nous avons déterminé les énergies de transition verticales de l'état fondamental vers les états excités les plus bas.

V-1 Variation des moments de la transition avec la géométrie.

Les valeurs obtenues pour les moments de transition $\mu(X\text{-}A)$ entre l'état fondamental $X\,^2\Pi$ et le premier état excité $^2\Sigma^+$ *à la géométrie d'équilibre de l'état fondamental* pour les radicaux HMX sont faibles : 0.0636 D pour HBeO, 0.061 D pour HMgO et 0.019 D pour HMgS. Nous nous sommes alors proposés d'étudier la variation de ces moments avec les distances R_{MX} et R_{MH}. Pour chaque radical HMX, on fixe l'une des distances à sa valeur d'équilibre (voir table 18) et on fait varier l'autre distance autour de sa valeur d'équilibre. Le calcul se fait avec la méthode MRCI et en utilisant la base cc-pV5Z. Les figures 26--31 montrent que :

- Pour HBeO (figures 26 et 27), le moment de transition entre l'état fondamental et le premier état excité a une croissance non linéaire avec la distance R_{BeH} alors qu'il décroît de manière quasi-linéaire et assez rapide avec la distance R_{BeO}. Ce moment double quand R_{BeO} diminue de 0.34 bohr à partir de la configuration d'équilibre.

♣Cas de HBeO

Figure 26 : Variation du moment de transition X-A pour HBeO en fonction de R_{BeO}. (R_{BeH} est fixée à 2.49 bohr)

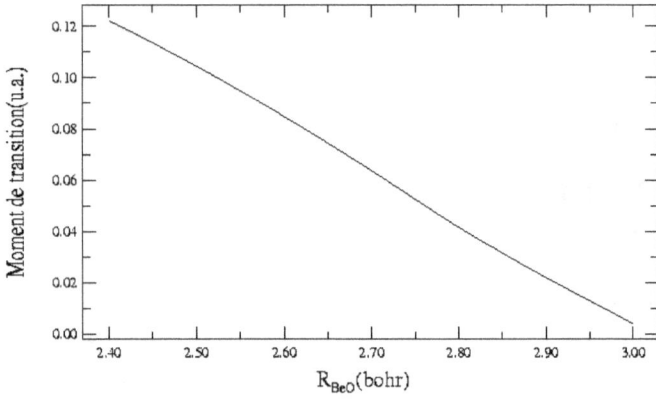

Figure 27 : Variation du moment de transition X-A pour HBeO en fonction de R_{BeH} (R_{BeO} est fixée à 2.67 bohr)

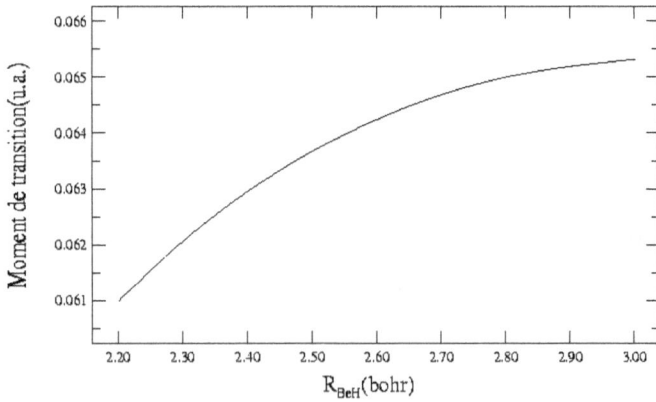

♣Cas de HMgO

Figure 28 : Variation du moment de transition X-A pour HMgO en fonction de R_{MgO} (R_{MgH} est fixée à 3.18 bohr)

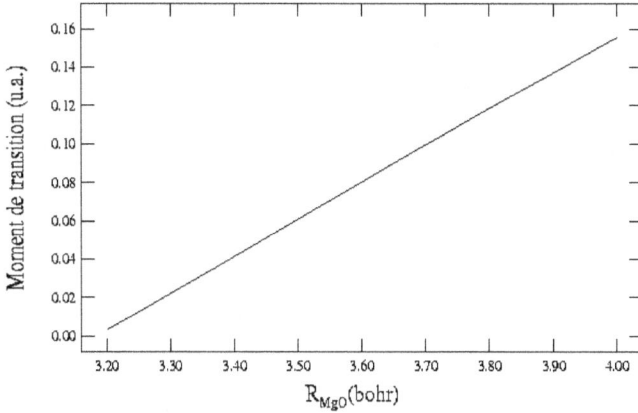

Figure 29 : Variation du moment de transition X-A pour HMgO en fonction de R_{MgH} (R_{MgO} est fixée à 3.39 bohr)

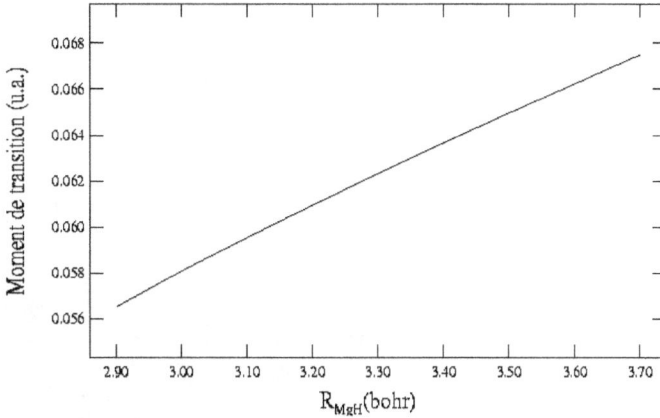

♣Cas de HMgS

Figure 30 : Variation du moment de transition X-A pour HMgS en fonction de R_{MgS} (R_{MgH} est fixée à 3.19 bohr)

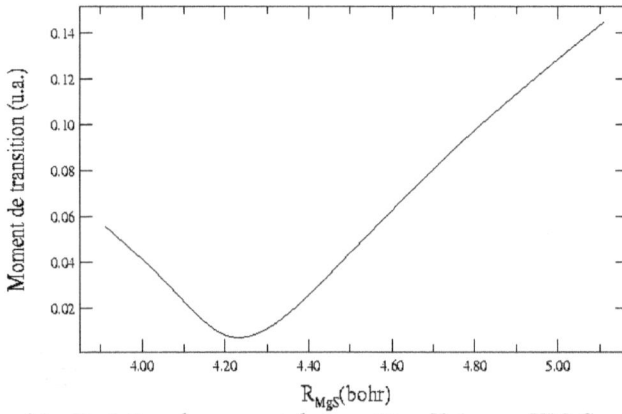

Figure 31 : Variation du moment de transition X-A pour HMgS en fonction de R_{MgH} (R_{MgS} est fixée à 4.37 bohr)

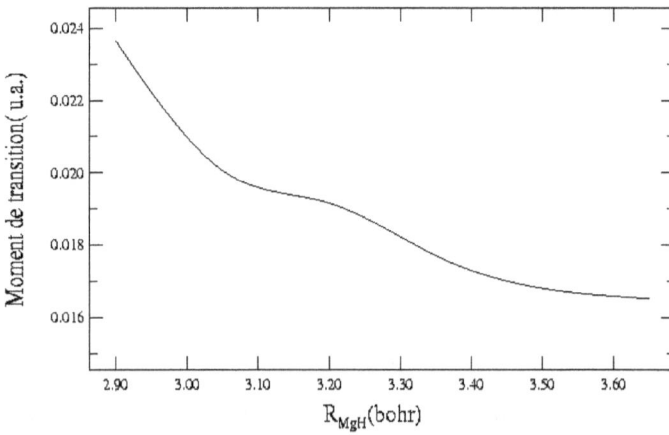

- Pour HMgO (figures 28 et 29), le moment de transition est une fonction, croissante des deux distances R_{MgO} et R_{MgH} mais la variation est plus significative dans le premier cas.

- Pour HMgS (figures 30 et 31) le comportement du moment de transition diffère de celui des radicaux oxygénés puisque ses variations en fonction de R_{MgS} et R_{MgH} sont plus compliquées : en fonction de la première distance il diminue jusqu'aux valeurs très proches de l'équilibre puis il augmente de nouveau alors qu'en fonction de la deuxième distance il a une décroissance non linéaire.

Donc pour les radicaux HMgO et HMgS la transition est plus probable pour des distances R_{MX} plus grandes que la valeur à l'équilibre alors pour HBeO c'est plutôt le contraire. Pour les trois radicaux, l'influence de la distance R_{MH} est moins importante.

V-2 Energie de transition verticale

Nous avons enfin calculé, pour chaque radical dans les états électroniques les plus bas, les énergies électroniques dites énergies de transition verticale, *à la géométrie d'équilibre de l'état fondamental.* Ces énergies sont caractéristiques du radical considéré et peuvent être utiles en spectroscopie.

V-2-1 Cas de MgSH

Les énergies de transition verticale sont données dans la table 20.

Table 20 : Energies de transition verticale pour MgSH

état	E(MRCI)(cm^{-1})	E(MRCI+Q)(cm^{-1})
X ^{2}A′	0.0	0.0
A ^{2}A′	22926	23027
B ^{2}A″	23865	24838
C ^{2}A″	26077	26261
D ^{2}A′	31889	32822
a ^{4}A″	36646	38049
E ^{2}A′	37016	37297
F ^{2}A′	37480	38850
b ^{4}A′	37769	39160
c ^{4}A′	43214	44509
d ^{4}A″	43911	44698
e ^{4}A″	45838	47092

Les énergies de l'état fondamental calculées à la géométrie d'équilibre sont : -597.008104 u.a. (MRCI) et -598.030543 u.a. (MRCI+Q).

Pour les radicaux isoélectroniques CaSH et SrSH, trois états excités qui correspondent (d'après la figure 5) en géométrie linéaire aux deux états $^2\Pi$, ont été observés expérimentalement [77-78] et c'est dans le but de chercher des transitions similaires pour MgSH que le comportement de ces états en fonction de l'angle de pliage à été présenté dans la figure 5. Les valeurs des énergies de transition pour CaSH et SrSH sont consignées dans la table 21.

Table 21 : Energies des trois premières transitions électroniques de CaSH et SrSH

Molécule	A ^{2}A′–X ^{2}A′	B ^{2}A″–X ^{2}A′	C ^{2}A′–X ^{2}A′
CaSH	15366	15810	16082
SrSH	14293	14815	15026

Toutes les valeurs sont en cm^{-1} et elles sont obtenues par spectroscopie Laser [78].

Ce tableau montre que ces transitions électroniques apparaissent dans le rouge et que les longueurs d'onde correspondantes diminuent en passant du Strontium au Calcium. Il a été trouvé que ces transitions impliquent des orbitales localisées sur les atomes métalliques et ceci est en parfait accord avec les valeurs calculées (table 20) pour MgSH qui correspondent à des transitions dans le bleu (entre 23000 et 26000cm^{-1}) pour les mêmes états.

V-2-2 Cas des radicaux HMgX

Ces radicaux ont une géométrie d'équilibre linéaire à l'état fondamental et le calcul a été fait en symétrie C_{2V}. Les résultats de calcul sont donnés dans les tables 22, 23 et 24.

Table 22 : Energies d'excitation verticale pour HMgS

état	E(MRCI)(cm^{-1})	E(MRCI+Q) (cm^{-1})
$^2\Pi$	0.00	0.00
$^2\Sigma^+$	8234.3	8000.4
$^2\Sigma^+$	32372.9	32356.7
$^4\Sigma^-$	37728.0	38300.6
$^2\Sigma^-$	40300.8	40768.5
$^4\Pi$	40937.9	41486.3
$^4\Pi$	42768.7	43486.4
$^2\Pi$	44647.8	44962.3
$^4\Sigma^+$	44905.9	45131.7
$^2\Pi$	45446.2	45688.2
$^4\Delta$	47083.4	47099.6
$^2\Delta$	47873.8	48123.8
$^2\Delta$	48325.4	48510.9

Les valeurs sont données relativement à l'énergie de l'état fondamental : -597.965489 u.a. (MRCI) et -597.985904 u. a. (MRCI+Q).

La comparaison des tables 20 et 22 nous permet de constater que les énergies de transition vers le premier état excité sont différentes pour les deux isomères (23000 cm^{-1} pour MgSH et 8234 cm^{-1} pour HMgS) ce qui permet d'identifier expérimentalement l'isomère présent.

Table 23 : Energies de transition verticale pour HBeO

état	E(MRCI) (cm^{-1})	E(MRCI+Q) (cm^{-1})
$^2\Pi$	0.000	0.00
$^2\Sigma^+$	10406	9953
$^2\Sigma^+$	30802	31025
$^4\Sigma^+$	57408	57636
$^4\Delta$	60408	60014
$^4\Sigma^-$	62000	61450
$^2\Delta$	62144	61393
$^2\Sigma^+$	62163	61390

Les énergies sont données relativement à celle de l'état fondamental :
-90.38234 u.a. (MRCI) et -9039872 u.a. (MRC I+ Q).

La comparaison des tables 22, 23 et 24 montre que:

-   Pour les trois radicaux, conformément aux résultats de l'étude précédente, le premier état $^2\Sigma^+$ est largement séparé des autres états excités (l'étude des moments de transition entre l'état fondamental et le premier état excité a été faite dans le paragraphe V-1)

Table 24 : Energies de transition verticale pour HMgO

état	E(MRCI) (cm^{-1})	E(MRCI+Q) (cm^{-1})
Π	0.000	0.00
$^2\Sigma^+$	6132	5514
$^2\Sigma^+$	33547	34412
$^4\Pi$	42435	43232
$^2\Pi$	44115	44882
$^4\Sigma^+$	46813	46642
$^4\Sigma^-$	48295	47417
$^4\Delta$	49386	49328

Les énergies sont données relativement à celle de l'état fondamental :
-275.329047 u.a. (MRCI) et -275.348604 u.a. (MRC I+Q).

- La séparation entre le premier et le deuxième état $^2\Sigma^+$ pour HMgO vaut 27415 cm^{-1} et elle est supérieure à celle calculée pour HMgS (24138 cm^{-1}) mais elle est beaucoup plus grande que celle obtenue pour HBeO (20396 cm^{-1}).

- Pour les trois radicaux, le deuxième état excité B$^2\Sigma^+$ est situé approximativement au même niveau par rapport à l'état fondamental (une différence voisine de 31000 cm^{-1})

Les résultats de ces derniers calculs, ___données pour la première fois nous___ ___informent sur le domaine spectral dans lequel se situent les transitions___ ___électroniques pour les différents radicaux. Cette information peut être___ ___d'une grande utilité pour des études expérimentales ultérieures.___

Chapitre 2: Spectroscopie des radicaux MXH/HMX

Dans ce chapitre nous allons déterminer les constantes spectroscopiques des ces radicaux en résolvant l'équation de Schrödinger nucléaire, dans chaque cas, par la méthode perturbative décrite dans le deuxième chapitre de la première partie. Dans la dernière partie, le problème Renner-Teller de l'état fondamental $^2\Pi$ des radicaux HMX est résolu de manière variationnelle et les niveaux rovibroniques de cet état sont donnés pour chaque radical.

A- Détermination des constantes spectroscopiques par la méthode perturbative.

Nous avons résolu, dans une première étape, l'équation de Schrödinger nucléaire pour l'état X^2A' de MgSH et les états $X^2\Pi$ et $A^2\Sigma^+$ des radicaux HMX en utilisant pour chaque état les fonctions d'énergie potentielle calculées dans la partie IV du chapitre précédent (obtenues avec les méthodes RCCSD(T) et MRCI et en utilisant la base B). La résolution a été faite avec une approche perturbative grâce au programme SURFIT [64] (cf page 69). Chaque fonction d'énergie potentielle a été transformée en un champ quartique dans les systèmes de coordonnées internes puis dans le système de coordonnées normales sans dimension.

I- Spectroscopie de l'état X^2A' du radical MgSH

Le radical MgSH est produit à haute température par la réaction de la vapeur métallique de Mg avec H_2S en présence d'une décharge électrique. Avec cette technique, A. T. Bendiab et al [86] ont obtenu le spectre de rotation pure de MgSH et ils ont pu donner une structure approchée de ce radical et quelques constantes spectroscopiques, mais ces informations sont insuffisantes pour caractériser ce radical car mêmes les fréquences harmoniques de son état fondamental ne sont pas connues.

Les constants spectroscopiques de radical obtenus avec le programme SURFIT[64] sont données dans la table 1

Table 1 : constantes spectroscopiques de l'état fondamental X^2A' de MgSH et MgSD (ω_i, ν_i et x_{ij} sont exprimés en cm^{-1} alors que toutes les autres constantes sont en MHz).

	MgSH				MgSD	
	CCSD(T)	MRCI	Mp2/6311+ G(3df,2pd)	Exp	CCSD(T)	MRCI
A_e	287189.9	289040.7	289019.8		148342.6	149191.4
A_0	288580.8	288587.3		289001.8		
B_e	6701.1	6753.6	6679.4		6606.6	6650.5
B_0	6692.6	6718.3		6799.6		
C_e	6548.3	6599.4	6528.5		6324.9	6366.7
C_0	6528.8	6552.9		6629.6		
D_J	0.00741	0.00749	0.00724	0.00761	0.00711	0.00724
D_{JK}	0.47265	0.49711	0.472	0.506	0.43018	0.43683
D_K	15.6992	16.27720	15.1	15.1[a]	4.1701	4.3881

τ_{aaaa}	-64.7172	-67.1272	-18.4296	-19.329
τ_{bbb} b	-0.03102	-0.03135	-0.03097	-0.03152
τ_{cccc}	-0.02827	-0.02861	-0.02589	-0.02643
τ_{aab} b	0.04137	-0.01327	0.05610	0.0329
τ_{bbc} c	-0.02960	-0.02994	-0.02828	-0.2883
τ_{ccaa}	-0.00576	-0.04766	0.01792	-0.00505
τ_{aba} b	-0.99755	-0.99372	-0.92587	-0.91663
ω_1	411.56	413.24	426.38	430.78
ω_2	479.24	487.17	333.87	336.29
ω_3	2674.8	2691.51	1920.34	1927.98
ν_1	408.8	416.9	421.3	462.2
ν_2	470.0	515.5	330.7	329.1
ν_3	2572.0	2557.4	1867.9	1871.3
α_1^A	-883.373	293.92	-3927.4	-3212.74
α_1^B	34.065	79.1355	-24.113	-26.7043
α_1^C	36.630	80.3257	1.371	-0.6563
α_2^A	-10792.0	-11746.8	-579.05	-1283.68
α_2^B	-14.442	-47.17	40.937	64.6253
α_2^C	1.315	-30.4532	38.352	59.6821
α_3^A	8893.5	12359.5	3349.95	4666.67
α_3^B	-3.377	38.5342	-4.621	22.9292
α_3^C	1.262	43.0982	1.672	29.3240
x_{11}	-1.3677	-7.9751	-1.9298	1.9054
x_{12}	1.9508	13.4350	-2.8039	-1.0418
x_{13}	-2.0439	25.8178	0.2845	54.9539
x_{22}	-2.8636	4.2343	0.5540	-0.6170
x_{32}	-8.9189	26.2971	-5.7492	-12.4461
x_{33}	-48.7216	-80.0903	-25.1375	-41.1377

[a]$La constante est fixée à sa valeur théorique.$

La table1 montre un bon accord entre les constantes spectroscopiques rotationnelles $(A, B, C, D_{JK}, D_J$ et $D_K)$ que nous avons calculées et les valeurs expérimentales correspondantes. *Les autres constantes relatives à la vibration (ω_i, v_i et x_{ij}) et au couplage rotation-vibration (α_{ij}) sont données quand à elles pour la première fois.* Notons que le mode antisymétrique est fortement anharmonique (la valeur de x_{33} est assez grande par rapport aux autres constantes x_{ij}) ce qui justifie la grande différence entre le fréquence harmonique ω_3 et la fréquence anharmonique v_3.

Table 2 : *Champ de force quartique de l'état X^2A' de MgSH dans le système de coordonnées internes[1] et dans le système de coordonnées normales sans dimension[2].*

f_{rr}	1.4230	$f_{rr\theta\theta}$	-0.5802	Φ_{233}	62.524
f_{RR}	4.1197	$f_{RR\theta\theta}$	-0.3692	Φ_{1111}	33.391
$f_{\theta\theta}$	0.2286	$f_{r\theta\theta\theta}$	0.6271	Φ_{2222}	1260.47
f_{rrr}	-5.5650	ω_1	411.539	Φ_{3333}	850.569
f_{RRR}	-21.81	ω_2	479.22	Φ_{1112}	24.460
$f_{\theta\theta\theta}$	-0.1756	ω_3	2674.74	Φ_{1222}	402.323
$f_{r\theta\theta}$	0.1015	Φ_{111}	-98.482	Φ_{1122}	126.378
$f_{R\theta\theta}$	-0.1201	Φ_{222}	-63.896	Φ_{1113}	1.640
f_{rrrr}	19.28	Φ_{333}	-1608.381	Φ_{2223}	97.8201
f_{RRRR}	101.59	Φ_{112}	43.207	Φ_{1123}	7.759
$f_{\theta\theta\theta\theta}$	0.1750	Φ_{122}	-21.675	Φ_{1223}	27.472
f_{rRRR}	-0.1667	Φ_{113}	93.770	Φ_{1133}	-80.048
f_{rrRR}	0.1671	Φ_{223}	1047.10	Φ_{2233}	-859.91
$f_{rrr\theta}$	-0.1907	Φ_{123}	314.218	Φ_{1233}	-263.46
$f_{RRR\theta}$	-0.3668	Φ_{133}	20.450	Φ_{1333}	-18.009

[1] les constantes sont en aJA^{-n} où n est un entier. $r = R_{MgS}$, $R = R_{SH}$, les factoriels sont exclues.
[2] les constantes sont exprimées en cm^{-1}

Pour MgSH, les coordonnées normales Q_1, Q_2 et Q_3 s'expriment en fonction des coordonnées internes R_{MgS}, R_{SH} et θ de la façon suivante :

$$Q_1 = 0.99\,R_{MgS} + 0.13\,R_{SH} ; \quad Q_2 = -0.64\,R_{MgS} + 0.76\,R_{SH} \quad \text{et} \quad Q_3 = \theta$$

On remarque ici que la coordonnée normale Q_1 représente essentiellement l'élongation MgS, qui est associée à la fréquence harmonique ω_1, alors que la coordonnée normale Q_2 est répartie entre les deux modes d'élongation avec une composante majoritaire pour l'élongation SH associée à la fréquence harmonique ω_3. La coordonnée Q_3 représente le mode de pliage et elle est associée à la fréquence ω_2.

Nous donnons dans la table 2, les constantes de forces f en coordonnées internes et Φ en coordonnées normales sans dimension. Ces données peuvent être utiles lors d'une étude spectroscopique expérimentale.

II- Spectroscopie des états $X^2\Pi$ et $A^2\Sigma+$ des radicaux HMX

II-1 résultats obtenus

Les résultats du calcul effectué pour l'état fondamental $X^2\Pi$ et le premier état excité $A^2\Sigma^+$ des trois radicaux HMgS, HBeO et HMgO obtenus dans les mêmes conditions que celles décrites dans le paragraphe précédent, sont donnés dans les tables 3 jusqu'a 11 pour les constantes de force et dans les tables 12, 13 et 14 pour les constantes spectroscopiques.

Table 3 : Champ de force quartique de la composante ^2A' de l'état $X^2\Pi$ de HMgS dans le système de coordonnées internes[1] et dans le système de coordonnées normales sans dimension[2](calcul RCCSD(T)).

f_{rr}	1.6503	ω_1	446.81	Φ_{2222}	1124.1631
f_{RR}	1.5557	ω_2	272.88	Φ_{1111}	-0.1587
$f_{\theta\theta}$	0.1106	ω_3	1651.81	Φ_{3333}	349.5598
f_{rrr}	-6.7058	Φ_{111}	-132.8871	Φ_{1122}	-0.5143
f_{RRR}	-6.0814	Φ_{333}	-938.0234	Φ_{1113}	30.2133
$f_{\theta\theta\theta}$	0.12273	Φ_{122}	19.1035	Φ_{1223}	-5.8645
f_{RRRR}	15.6031	Φ_{223}	781.5401	Φ_{2233}	-603.072
$f_{\theta\theta\theta\theta}$	0.2124	Φ_{113}	11.3945	Φ_{1133}	-5.4600
f_{rrRR}	-1.0319	Φ_{133}	-9.8646	Φ_{1333}	4.0119

[1]les constantes sont en aJÅ^{-n} où n est un entier. r = R_{MgS}, R = R_{MgH}, les factoriels sont exclus.
[2] les constantes sont exprimées en cm^{-1}.

Table 4 : Champ de force quartique de la composante ^2A'' de l'état $X^2\Pi$ de HMgS dans le système de coordonnées internes[1] et dans le système de coordonnées normales sans dimension[2] (calcul RCCSD(T)).

f_{rr}	1.6500	ω_1	446.75	Φ_{2222}	1009.46
f_{RR}	1.5571	ω_2	286.99	Φ_{1111}	-0.1642
$f_{\theta\theta}$	0.1223	ω_3	1652.67	Φ_{3333}	349.2030
f_{rrr}	-6.7039	Φ_{111}	-132.8478	Φ_{1122}	-0.4843
f_{RRR}	-5.9252	Φ_{333}	-913.2067	Φ_{1113}	29.9556
$f_{\theta\theta\theta}$	-0.1418	Φ_{122}	17.9499	Φ_{1223}	-5.8311
f_{RRRR}	15.6036	Φ_{223}	738.9251	Φ_{2233}	-561.3245
$f_{\theta\theta\theta\theta}$	0.2735	Φ_{113}	11.4140	Φ_{1133}	-5.4519
f_{rrRR}	-1.0319	Φ_{133}	-10.4478	Φ_{1333}	4.3006

[1]les constantes sont en aJÅ^{-n} où n est un entier. r = R_{MgS}, R = R_{MgH}, les factoriels sont exclues.
[2] les constantes sont exprimées en cm^{-1}

Table 5 : Champ de force quartique de l'état $A^2\Sigma^+$ de HMgS dans le système de coordonnées internes[1] et dans le système de coordonnées normales sans dimension[2] (calcul MRCI).

f_{rr}	1.716	f_{rRRR}	27.285	Φ_{133}	33.868
f_{RR}	1.755	f_{rrRR}	-32.963	Φ_{2222}	1033.69
$f_{\theta\theta}$	0.1315	ω_1	455.2	Φ_{1111}	10.934
f_{rrr}	-5.660	ω_2	298.4	Φ_{3333}	-223.891
f_{RRR}	-6.040	ω_3	1756.9	Φ_{1122}	-84.268
f_{rrR}	-1.434	Φ_{111}	-112.68	Φ_{1113}	53.277
f_{rrrr}	3.383	Φ_{333}	-862.75	Φ_{1223}	40.443
f_{RRRR}	-6.138	Φ_{122}	43.821	Φ_{2233}	-755.22
$f_{\theta\theta\theta\theta}$	0.5424	Φ_{223}	760.329	Φ_{1133}	-168.64
f_{rrrR}	24.754	Φ_{113}	-42.126	Φ_{1333}	318.79

[1] les constantes sont en aJA^{-n} où n est un entier. r = R_{MgS}, R = R_{MgH}, les factoriels sont exclues.
[2] les constantes sont exprimées en cm^{-1}

Table 6 : Champ de force quartique de la composante $^2A'$ de l'état $X^2\Pi$ de HMgO dans le système de coordonnées internes[1] et dans le système de coordonnées normales sans dimension[2] (calcul RCCSD(T)).

f_{rr}	2.5547	ω_1	666.48	Φ_{2222}	825.094
f_{RR}	1.5420	ω_2	305.42	Φ_{1111}	71.306
$f_{\theta\theta}$	0.1326	ω_3	1645.37	Φ_{3333}	417.216
f_{rrr}	-12.049	Φ_{111}	-225.470	Φ_{1122}	-18.08
f_{RRR}	-5.6530	Φ_{333}	-876.583	Φ_{1113}	-6.2086
f_{rrr}	53.030	Φ_{122}	44.885	Φ_{1223}	-15.884
f_{RRRR}	18.4675	Φ_{223}	650.785	Φ_{2233}	-486.205
$f_{\theta\theta\theta\theta}$	0.61778	Φ_{113}	17.933	Φ_{1133}	0.6916
f_{rrRR}	-1.106	Φ_{133}	-22.848	Φ_{1333}	8.8026

[1] les constantes sont en aJA^{-n} où n est un entier. r = R_{MgO}, R = R_{MgH}, les factoriels sont exclues.
[2] les constantes sont exprimées en cm^{-1}

Table 7 : Champ de force quartique de la composante $^2A''$ de l'état $X^2\Pi$ de HMgO dans le système de coordonnées internes[1] et dans le système de coordonnées normales sans dimension[2] (calcul RCCSD(T)).

f_{rr}	2.5547	ω_2	318.96	Φ_{1111}	71.325
f_{RR}	1.542	ω_3	1645.37	Φ_{3333}	417.635
$f_{\theta\theta}$	0.1446	Φ_{111}	-225.487	Φ_{1122}	-4.7339
f_{rrr}	-12.050	Φ_{333}	-876.802	Φ_{1113}	-6.270
f_{RRR}	-5.6545	Φ_{122}	25.551	Φ_{1223}	-10.730
f_{rrr}	53.049	Φ_{223}	620.748	Φ_{2233}	-464.903
f_{RRR}	18.482	Φ_{113}	17.877	Φ_{1133}	0.865
$f_{\theta\theta\theta\theta}$	0.7209	Φ_{133}	-22.891	Φ_{1333}	8.568
ω_1	666.48	Φ_{2222}	754.11		

[1]les constantes sont en aJA^{-n} où n est un entier. r = R_{MgO}, R = R_{MgH}, les factoriels sont exclues.

[2] les constantes sont exprimées en cm^{-1}

Table 8 : Champ de force quartique de l'état $A^2\Sigma^+$ de HMgO dans le système de coordonnées internes[1] et dans le système de coordonnées normales sans dimension[2] (calcul MRCI).

f_{rr}	2.811	ω_2	339.27	Φ_{1111}	74.40
f_{RR}	1.675	ω_3	1714.30	Φ_{3333}	408.15
$f_{\theta\theta}$	0.159	Φ_{111}	-243.99	Φ_{1122}	-2.754
f_{rrr}	-14.004	Φ_{333}	-864.80	Φ_{1113}	-8.07
f_{RRR}	-5.931	Φ_{122}	18.81	Φ_{1223}	-8.25
f_{rrrr}	60.930	Φ_{223}	625.59	Φ_{2233}	-445.91
f_{RRRR}	19.624	Φ_{113}	20.413	Φ_{1133}	-0.559
$f_{\theta\theta\theta}$	0.8372	Φ_{133}	-20.14	Φ_{1333}	8.189
ω_1	699.16	Φ_{2222}	739.14		

[1]les constantes sont en aJA^{-n} où n est un entier. r = R_{MgO}, R = R_{MgH}, les factoriels sont exclues.

[2] les constantes sont exprimées en cm^{-1}

Table 9 : Champ de force quartique de la composante ^2A' de l'état $X^2\Pi$ de HBeO dans le système de coordonnées internes[1] et dans le système de coordonnées normales sans dimension [2] (calcul RCCSD(T)).

f_{rr}	4.447	ω_1	1095.75	Φ_{2222}	834.68
f_{RR}	2.538	ω_2	497.44	Φ_{1111}	128.83
$f_{\theta\theta}$	0.177	ω_3	2202.01	Φ_{3333}	506.17
f_{rrr}	-25.584	Φ_{111}	-424.25	Φ_{1122}	-40.76
f_{RRR}	-11.13	Φ_{333}	-1205.90	Φ_{1113}	-47.05
f_{rrrr}	117.869	Φ_{122}	129.80	Φ_{1223}	-71.27
f_{RRRR}	34.961	Φ_{223}	741.44	Φ_{2233}	-630.71
$f_{\theta\theta\theta\theta}$	0.633	Φ_{113}	85.17	Φ_{1133}	-5.925
f_{rrRR}	-5.635	Φ_{133}	-174.0	Φ_{1333}	53.948

[1] les constantes sont en aJA^{-n} où n est un entier. r = R_{BeO}, R = R_{BeH}, les factoriels sont exclues.

[2] les constantes sont exprimées en cm^{-1}

Table 10: Champ de force quartique de la composante ^2A'' de l'état $X^2\Pi$ de HBeO dans le système de coordonnées internes[1] et dans le système de coordonnées normales sans dimension[2] (calcul RCCSD(T)).

f_{rr}	4.456	ω_2	555.99	Φ_{1111}	121.01
f_{RR}	2.536	ω_3	2202.17	Φ_{3333}	509.83
$f_{\theta\theta}$	0.221	Φ_{111}	-414.07	Φ_{1122}	-24.343
f_{rrr}	-25.07	Φ_{333}	-1207.11	Φ_{1113}	-35.31
f_{RRR}	-11.107	Φ_{122}	88.579	Φ_{1223}	-57.308
f_{rrrr}	108.03	Φ_{223}	643.43	Φ_{2233}	-559.032
f_{RRRR}	35.884	Φ_{113}	85.465	Φ_{1133}	-1.113
$f_{\theta\theta\theta\theta}$	1.002	Φ_{133}	-171.27	Φ_{1333}	63.610
ω_1	1096.43	Φ_{2222}	645.38		

[1] les constantes sont en aJA^{-n} où n est un entier. r = R_{BeO}, R = R_{BeH}, les factoriels sont exclues.

[2] les constantes sont exprimées en cm^{-1}

Table 11 : Champ de force quartique de l'état $A^2\Sigma^+$ de HBeO dans le système de coordonnées internes(1) et dans le système de coordonnées normales sans dimension(2) (calcul MRCI).

f_{rr}	4.646	ω_2	584.11	Φ_{1111}	145.93
f_{RR}	2.654	ω_3	2248.48	Φ_{3333}	625.53
$f_{\theta\theta}$	0.240	Φ_{111}	-421.80	Φ_{1122}	-17.687
f_{rrr}	-26.280	Φ_{333}	-1157.82	Φ_{1113}	-35.34
f_{RR}	-10.93	Φ_{122}	79.998	Φ_{1223}	-47.67
f_{rrrr}	134.34	Φ_{223}	636.01	Φ_{2233}	-516.55
f_{RRRR}	44.388	Φ_{113}	90.62	Φ_{1133}	25.64
$f_{\theta\theta\theta\theta}$	0.975	Φ_{133}	-146.91	Φ_{1333}	38.32
ω_1	1121.64	Φ_{2222}	604.10		

[1] les constantes sont en aJA^{-n} où n est un entier. $r = R_{BeO}$, $R = R_{BeH}$, les factoriels sont exclues.
[2] les constantes sont exprimées en cm^{-1}

Table 12 : Constantes spectroscopiques pour les états $X^2\Pi$ et $A^2\Sigma^+$ de HMgO et DMgO

	HMgO($X^2\Pi$)	DMgO($X^2\Pi$)	HMgO($A^2\Sigma^+$)	DMgO($A^2\Sigma^+$)
B_e(MHz)	12770	11188	13820	12043
$\omega_1(cm^{-1})$	666.4	658.9	699.2	691.5
$\omega_2(\omega'_2)^a(cm^{-1})$	305.5(318.9	233.7(244.0)	339.3	260.2
$\omega_3(cm^{-1})$	1645.4	1191.6	1714.4	1241.1
ε	-0.043			
μ_e(D)	1.346		0.97	
$T_e(cm^{-1})$			$4935^{(b)}$	
			$5107^{(c)}$	
μ_e (X-A)(D)			0.061	

Table 13 : Constantes spectroscopiques pour les états $X^2\Pi$ et $A^2\Sigma^+$ de HMgS et DMgS

	HMgS($X^2\Pi$)	DMgS($X^2\Pi$)	HMgS($A^2\Sigma^+$)	DMgS($A^2\Sigma^+$)
B_e(MHz)	6125	5541	6406	5785.2
ω_1(cm^{-1})	438.2	432.8	455	449
$\omega_2(\omega'_2)^a$(cm^{-1})	271.9(286)	204.0(214.6)	298.4	224.2
ω_3(cm^{-1})	1635.2	1181.4	1757	1271.3
ε	-0.051			
μ_e(D)	1.342		1.715	
T_e(cm^{-1})			8041[b]	
			8064[c]	
μ_e (X-A)(D)			0.019	

Table 14 : Constantes spectroscopiques pour les états $X^2\Pi$ et $A^2\Sigma^+$ de HBeO et DBeO

	HBeO($X^2\Pi$)	DBeO($X^2\Pi$)	HBeO($A^2\Sigma^+$)	DBeO($A^2\Sigma^+$)
B_e(MHz)	29031.5	22968.9	30864.1	24278.4
ω_1(cm^{-1})	1095.8	1029.8	1121.7	1064
$\omega_2(\omega'_2)^a$(cm^{-1})	497.4(556)	403.2(450.6)	584.1	474.8
ω_3(cm^{-1})	2202.1	1689.3	2248.6	1729
ε	-0.111			
μ_e(D)	0.665		0.152	
T_e(cm^{-1})			9749[b]	
			9617[c]	
μ_e (X-A)(D)			0.0636	

[a]Valeur correspondante à la composante A''.
[b]Calcul CCSD(T) ; [c]Calcul MRCI

II-2 Discussion des résultats

L'analyse de ces différents tableaux permet de dégager les constatations suivantes :

D'après les tables 3-11 on peut remarquer que :

- Conformément aux exigences de symétrie (l'hamiltonien est totalement symétrique), on trouve que les constantes de forces cubiques Φ_{ijk} et quartiques Φ_{ijkl} sont non nulles seulement si l'exposant correspondant au mode de pliage dégénéré Q_2, est pair. (par exemple $\Phi_{123} = 0$ car dans l'hamiltonien il y aura un terme en $Q_1 \, Q_2 \, Q_3$ qui n'est pas totalement symétrique)

- Les valeurs de Φ_{122} pour HMgO et HBeO et HMgS (tables 3, 6 et 9) laissent prévoir l'existence des résonances de Fermi entre le mode d'élongation symétrique Q_1 et le mode de pliage Q_2.

D'après les tables12, 13 et 14 :

- La fréquence ω_3 est sensiblement la même pour les deux radicaux HMgS et HMgO et ceci confirme l'analyse des modes harmoniques qui fait correspondre le mode normal Q_3 avec l'élongation R_{MgH}.

- Pour les deux isomères HMgO et HMgS, l'effet Renner-Teller (à travers la constante ε calculée à partir de la formule (2.27) de la première partie) est négligeable et ceci était prévisible d'après l'analyse déjà faite des figures 6 et 21 du chapitre précédent où la séparation des deux composantes A' et A'' était peu sensible au pliage. Pour HBeO, cet effet est plus important (la constante ε est deux fois plus grande que celle des deux isomères précédents) comme le laisse prévoir l'analyse de la figure 20 du chapitre précédent.

- Au niveau de l'état fondamental, le moment dipolaire de HMgO est pratiquement le double de celui de HBeO alors qu'il est sensiblement le même que celui de HMgS et ceci est conforme à l'analyse de population de Mulliken : pour HBeO on a : H (-0.230), Be (+0.647) et O (-0.416) alors que pour HMgO on a : H (-0.281), Mg (+0.8736) et O (-0.591) . La différence des valeurs pour HMgO et HBeO s'explique par le fait que le béryllium est plus électronégatif que le magnésium.

- Pour les trois radicaux et dans les deux états $X^2\Pi$ et $A^2\Sigma^+$, la fréquence harmonique correspondant au mode de pliage ω_2 est la plus petite des trois fréquences.

- Les valeurs des trois fréquences fondamentales sont plus petites dans l'état fondamental $X^2\Pi$ que dans l'état excité $A^2\Sigma^+$.

- Les moments des transitions μ_e(X-A) sont faibles pour les trois isomères et leurs détections expérimentales par spectroscopie électronique est difficile.

- En passant à l'isomère deutéré DMX, les fréquences harmoniques ω_1 et ω_2 diminuent légèrement mais la fréquence ω_3 varie beaucoup et ceci confirme une autre fois que ce mode harmonique correspond à l'élongation R_{MH}.

- *Toutes ces constantes sont fournies pour la première fois*

II-3 Comparaison des isomères MXH et HMX

Pour compléter l'étude spectroscopique de ces composés nous *avons effectué un calcul similaire pour les deux radicaux BeOH et MgOH* dans le but d'effectuer une comparaison des géométries d'équilibre et des fréquences harmoniques pour l'état X^2A' dans chaque couple de systèmes MXH/HMX. Les résultats sont donnés dans les tables 15, 16 et 17 (les distances sont exprimées en bohr et les fréquences en cm^{-1}).

Table 15 : Comparaison des géométries d'équilibre et des fréquences harmoniques pour le système BeOH/HBeO

	BeOH	HBeO
R_{BeO}(bohr)	2.6495	2.7768
	2.6484[a]	
	2.6506[b]	
R_{OH}(bohr)	1.7938	
	1.7958[a]	
	1.7939[b]	
R_{BeH}(bohr)		2.5062
$\omega_1(cm^{-1})$	1273.5	
	1267[a]	1095.8
	1292.9[b]	
$\omega_2(cm^{-1})$	347.8	
	368[a]	497.4
	107.3[b]	
$\omega_3(cm^{-1})$	4027.7	
	4031[a]	2202.1
	4062.9[b]	

[a]Référence [101]
[b]Référence [99]

Table 16 : Comparaison des géométries d'équilibre et des fréquences harmoniques pour le système MgOH/HMgO

	MgOH	HMgO
R_{MgO}(bohr)	3.350 3.353[c] 3.346[d]	3.5405
R_{OH}(bohr)	1.780 1.789[c] 1.724[d]	
R_{MgH}(bohr)		3.2091
$\omega_1(cm^{-1})$	763.9 746[a]	666.4
$\omega_2(cm^{-1})$	59.7 14[a]	305.5
$\omega_3(cm^{-1})$	4049.8 4060[a]	1645.4

[c]*Référence [83]*
[d]*Référence [96]*

Table A-17 : Comparaison des géométries d'équilibre et des fréquences harmoniques pour le système MgSH/HMgS

	MgSH	HMgS
R_{MgS}(bohr)	4.3959 4.378[a]	4.3757
R_{SH}(bohr)	2.5327 2.5312[a]	
R_{MgH}(bohr)		3.2057
$\omega_1(cm^{-1})$	411.56	446.81
$\omega_2(cm^{-1})$	479.24	272.88
$\omega_3(cm^{-1})$	2674.8	1651.81

[a]*Référence 86*

D'après ces trois tableaux nous pouvons dire que:

- Dans le système MgSH/HMgS, La distance d'équilibre R_{MgS} est plus grande dans l'isomère le plus stable MgSH. Par contre, pour les composés oxygénés, la distance R_{MO} est plus petite dans l'isomère le plus stable MOH.
- Pour les trois systèmes, la distance M-H est plus grande que la distance X-H.
- Pour le système MgSH/HMgS, la distance Mg-S est supérieure à la distance Mg-H alors que pour les composés oxygénés, la distance M-H est légèrement inférieure à la distance M-O.
- En passant d'un isomère à l'autre de chaque système MXH/HMX la fréquence ω_l qui correspond à l'élongation commune R_{M-X} est légèrement modifiée.

Par comparaison avec les données des tables 1-6 du chapitre précédent, relatives au fragments diatomiques, on remarque que :

- Les distances d'équilibre varient très peu en passant des molécules diatomiques aux radicaux triatomique.
- Les fréquences harmoniques relatives aux élongations M-X sont légèrement modifiées quand on passe des fragments diatomiques aux composés triatomiques. C'est le cas aussi de la fréquence harmonique correspondant à l'élongation SH, mais pour les deux

élongations Be-H et Mg-H, la fréquence harmonique est plus grande dans les composés triatomiques.

B/ Détermination des niveaux rovibrationnels de l'état $X^2\Pi$ des radicaux HMX par la méthode variationnelle.

I – Introduction

Le problème Renner-Teller (cf § III-1 du chapitre 2 de la première partie) pour l'état fondamental $X^2\Pi$ des radicaux HMX et qui est dû à l'interaction du moment angulaire de vibration $\vec{l}_2$ avec le mouvement électronique est résolu par la méthode variationnelle décrite dans la partie 1. Les fonctions d'énergie potentielle V^+ et V^- sont celles obtenues précédemment par un calcul RCCSD(T) et avec la base cc-pV5Z. La constante spin-orbite est obtenue par un calcul de l'intégrale cartésienne de Breit-Pauli [74] entre les deux composantes électroniques de l'état $^2\Pi$ en utilisant toujours la base cc-pV5Z et la partie CASSCF des fonctions d'onde MRCI. Les opérateurs $L_{x,y}$, la dépendance avec la géométrie de L_z, de L_z^2 et de la constante spin-orbite A_{SO} sont négligés. La classification des niveaux rovibroniques se fait à l'aide des nombres quantiques $K = |\pm\Lambda \pm l|$ et $P = |\pm\Lambda \pm\Sigma \pm l|$ où Λ, Σ et l sont respectivement les projections sur l'axe moléculaire des moments angulaires électronique, de spin et vibrationnel. Ces niveaux rovibroniques sont notés

^2K_P et selon la valeur de K = 0, 1, 2 on parle d'un état Σ, Π, Δ...Lors de l'étude des radicaux HMX on a effectué le calcul pour $J_{total} = P = \frac{1}{2}$ et $\frac{3}{2}$.

Les radicaux HMX, ont chacun deux modes d'élongation $\nu_1 = \nu_{MX}$ et $\nu_3 = \nu_{MH}$ et un mode de pliage ν_2. Nous avons utilisé pour le calcul variationnel une base formée de 15 fonctions d'oscillateur harmonique à une dimension pour chaque mode d'élongation, et 41 polynômes de Legendre associés pour chaque mode de pliage. Pour les niveaux rovibroniques (ν_1, ν_2, ν_3) les notations Σ^+ et μ correspondent à la composante A' alors que les notations Σ^- et κ sont relatives à l'autre composante A''.

II- Résultats

II-1 Niveaux rovibroniques de HBeO dans l'état $X\,^2\Pi$

Pour ce radical, le paramètre Renner-Teller $\varepsilon = -0.11$ (cf table 15) est petit et la constante spin-orbite calculé vaut $A_{SO} = -123$ cm^{-1}. La valeur de ω_1 est légèrement supérieure au double de la fréquence harmonique de pliage ω_2 ce qui donne lieu à des résonances de Fermi entre les niveaux rovibroniques formant les polyades $2\upsilon_1 + \upsilon_2 = n$ dans chaque symétrie. Les niveaux rovibroniques calculées pour HBeO jusqu'à 3500 cm^{-1} pour J = 1/2 et 3/2 sont donnés dans les tables 2 et 3. Ces tables nous permettent de constater que :

- Les deux niveaux (0 1 0) $^2\Sigma^+$ et (0 1 0) $^2\Sigma^-$ correspondent aux deux fréquences anharmoniques de pliage v_2 et v'_2 . Les valeurs obtenues sont différentes de celles obtenues par le calcul perturbatif (voir table 1) et ceci est prévisible car le calcul variationnel tient compte des interactions qui sont négligées dans le calcul perturbatif.

- En symétrie Σ^+ et Σ^-, les résonances sont quasi-absentes et les niveaux sont clairement identifiés.

Table 1 : Comparaison des fréquences anharmoniques obtenues par les calculs perturbatif et variationnel pour HBeO.

Calcul	$v_2(cm^{-1})$	$v'_2(cm^{-1})$
Perturbatif	490	551.2
Variationnel	492.3	524.0

- L'état fondamental de HBeO est $^2\Pi_{3/2}$ et l'écart spin-orbite entre les niveaux rovibroniques (0 0 0) $^2\Pi_{3/2}$ et (0 0 0) $^2\Pi_{1/2}$ vaut 123 cm^{-1}. Cette valeur de la constante spin-orbite correspond aussi à l'écart entre les deux niveaux rovibroniques (1 0 0) $^2\Pi_{3/2}$ et (1 0 0) $^2\Pi_{1/2}$.

Table 2 : Niveaux rovibroniques de HBeO (pour $K = 1$).

Etats $^2\Pi_{1/2}$		Etats $^2\Pi_{3/2}$	
$(v_1\ v_2\ v_3)$	$E\ (cm^{-1})$	$(v_1\ v_2\ v_3)$	$E(cm^{-1})$
$(0\ \ 0\ \ 0)$	123.6	$(0\ \ 0\ \ 0)$	0.00

$(0\ 2\ 0)_\mu$	949.1	$(0\ 2\ 0)_\mu$	948.6
$(1\ 0\ 0)$	1091.1	$(1\ 0\ 0)$	967.2
$(0\ 2\ 0)_\kappa$	1209.3	$(0\ 2\ 0)_\kappa$	1198.3
$(1\ 2\ 0)_\mu$	1294.8	$(1\ 2\ 0)_\mu$	1283.6
$(0\ 4\ 0)_\mu$	1865.2	$(0\ 4\ 0)_\mu$	1857.7
$(1\ 2\ 0)_\kappa$	2038.8	$(2\ 0\ 0)$	2031.4
$(0\ 4\ 0)_\kappa$	2097.6	$(0\ 4\ 0)_\kappa$	2166.7
$(2\ 0\ 0)$	2173.7	$(1\ 2\ 0)_\kappa$	2226.3
$(0\ 0\ 1)$	2229.4	$(0\ 0\ 1)$	2270.7
$(0\ 6\ 0)_\mu$ P6-1	2761.7	$(3\ 0\ 0)_\mu$ P6-1	2752.7
$(1\ 4\ 0)_\mu$ P6-2	2955.5	$(0\ 6\ 0)_\mu$ P6-2	2948.8
$(1\ 0\ 1)$	3021.2	$(1\ 0\ 1)$	3109.4
$(3\ 0\ 0)$ P6-3	3116.7	$(1\ 4\ 0)_\mu$ P6-3	3160.5
$(2\ 2\ 0)_\mu$ P6-4	3152.4	$(2\ 2\ 0)_\mu$ P6-4	3167.7
$(1\ 4\ 0)_\kappa$ P6-5	3167.5	$(1\ 4\ 0)_\kappa$ P6-5	3233.6
$(2\ 2\ 0)_\kappa$ P6-6	3236.9	$(2\ 2\ 0)_\kappa$ P6-6	3243.5
$(0\ 2\ 1)_\mu$	3250.3	$(0\ 6\ 0)_\kappa$ P6-7	3283.2
$(0\ 2\ 1)_\kappa$	3286.7	$(0\ 2\ 1)_\mu$	3332.5
$(0\ 6\ 0)_\kappa$ P6-7	3372.2	$(0\ 2\ 1)_\kappa$	3368.9

Table 3 : Niveaux rovibroniques de HBeO (pour K = 0).

Etats $^2\Sigma^+$		Etats $^2\Sigma$	
$(v_1\ v_2\ v_3)$	$E\ (cm^{-1})$	$(v_1\ v_2\ v_3)$	$E(cm^{-1})$
$(0\ 1\ 0)$	492.3	$(0\ 1\ 0)$	524.0
$(1\ 1\ 0)$	822.9	$(1\ 1\ 0)$	898.0
$(0\ 3\ 0)$	1477.3	$(0\ 3\ 0)$	1624.8
$(1\ 3\ 0)$	1838.6	$(1\ 3\ 0)$	2009.1
$(0\ 1\ 1)$	1892.4	$(0\ 1\ 1)$	2572.9

(2	*1*	*0)*	*1926.1*	*(2*	*1*	*0)*	*2611.7*
(0	*5*	*0)*	*2406.9*	*(0*	*5*	*0)*	*2717.0*
(1	*5*	*0)*	*2839.3*	*(1*	*5*	*0)*	*2978.3*
(3	*1*	*0)*	*2901.2*	*(3*	*1*	*0)*	*3024.5*
(1	*1*	*1)*	*2938.1*	*(1*	*1*	*1)*	*3121.4*
(0	*7*	*0)*	*3319.6*	*(0*	*7*	*0)*	*3500.2*

- En symétrie Π, La résonance de fermi est plus importante et l'assignation des niveaux devient difficile pour n > 4. Pour les 7 termes du polyade n = 6 localisés entre 2750 et 3372 cm^{-1} en symétrie $\Pi_{1/2}$ et en symétrie $\Pi_{3/2}$, nous avons ajouté une étiquette P6-m (m = 1,7) en plus des nombres quantiques (υ_1, υ_2,υ_3) pour indiquer la contribution la plus importante dans la fonction d'onde vibronique.

II -2 Niveaux rovibroniques de HMgO dans l'état $X^2\Pi$.

Pour ce radical l'effet Renner-Teller est plus faible (ε = -0.043 , cf table 12) que dans le cas de HBeO ; la constante spin-orbite vaut -123 cm^{-1} et a la même valeur que pour HBeO. La fréquence harmonique ω_1 est approximativement le double de la fréquence harmonique de pliage ω_2 ce qui donne lieu à des résonances de Fermi entre les niveaux rovibroniques formant les polyades $2\upsilon_1 + \upsilon_2$ = n dans chaque symétrie. Les niveaux rovibroniques jusqu'à 3000 cm^{-1} pour J = 1/2 et 3/2 sont donnés dans les tables 4 et 5 qui montrent que pour ce radical, les résonances de Fermi sont assez importantes car la différence $(\omega_1 - 2\omega_2)$ est plus petite que dans le cas de HBeO. En symétrie Σ et Π, l'assignation des niveaux est alors plus difficile et nous allons ajouter pour les m termes de chaque polyade n une étiquette Pn-m, en plus des nombres quantiques $(\upsilon_1, \upsilon_2, \upsilon_3)$, pour indiquer la contribution la plus importante dans la fonction d'onde vibronique. Par exemple le niveau $(1 \quad 2 \quad 0)_\mu$ P4-2 est de symétrie Π et représente le deuxième terme du polyade 4.

Table 4 : Origines des bandes rovibroniques de HMgO (pour K = 1)

Etats $^2\Pi_{1/2}$		Etats $^2\Pi_{3/2}$	
$(V_1 \ V_2 \ V_3)$	$E\ (cm^{-1})$	$(V_1 \ V_2 \ V_3)$	$E(cm^{-1})$
$(0 \ 0 \ 0)$	123.1	$(0 \ 0 \ 0)$	0.00
$(0 \ 2 \ 0)_\mu$ P2-1	619.3	$(0 \ 2 \ 0)_\mu$ P2-1	615.9
$(0 \ 2 \ 0)_\kappa$ P2-2	745.1	$(1 \ 0 \ 0)$ P2-2	659.0
$(1 \ 0 \ 0)$ P2-3	782.3	$(0 \ 2 \ 0)_\kappa$ P2-3	749.6
$(0 \ 4 \ 0)_\mu$ P41	1227.9	$(0 \ 4 \ 0)_\mu$ P4-1	1225.1
$(1 \ 2 \ 0)_\mu$ P4-2	1274.8	$(1 \ 2 \ 0)_\mu$ P4-2	1272.1
$(0 \ 4 \ 0)_\kappa$ P4-3	1367.7	$(2 \ 0 \ 0)$ P4-3	1308.1
$(1 \ 2 \ 0)_\kappa$ P4-4	1406.7	$(0 \ 4 \ 0)_\kappa$ P4-4	1372.0
$(2 \ 0 \ 0)$ P4-5	1432.6	$(1 \ 2 \ 0)_\kappa$ P4-5	1410.5
$(0 \ 0 \ 1)$	1718.9	$(0 \ 0 \ 1)$	1595.9
$(0 \ 6 \ 0)_\mu$ P6-1	1830.8	$(0 \ 6 \ 0)_\mu$ P6-1	1828.4

$(1\ 4\ 0)_\mu$ P6-2	1882.9	
$(2\ 2\ 0)_\mu$ P6-3	1913.0	
$(0\ 6\ 0)_\kappa$ P6-4	1991.0	
$(2\ 2\ 0)_\kappa$ P6-5	2029.9	
$(1\ 4\ 0)_\kappa$ P6-6	2058.9	
$(3\ 0\ 0)$ P6-7	2076.4	
$(0\ 2\ 1)_\mu$	2206.0	
$(0\ 2\ 1)_\kappa$	2332.0	
$(1\ 0\ 1)$	2378.4	
$(0\ 8\ 0)_\mu$ P8-1	2429.1	
$(2\ 4\ 0)_\mu$ P8-2	2484.9	
$(0\ 8\ 0)_\kappa$ P8-3	2512.4	
$(3\ 2\ 0)_\mu$ P8-4	2541.7	
$(1\ 6\ 0)_\mu$ P8-5	2614.6	
$(2\ 4\ 0)_\kappa$ P8-6	2652.8	
$(3\ 2\ 0)_\kappa$ P8-7	2683.6	
$(1\ 6\ 0)_\kappa$ P8-8	2706.5	
$(4\ 0\ 0)$ P8-9	2718.4	
$(0\ 4\ 1)_\mu$	2806.6	
$(1\ 2\ 1)_\mu$	2861.9	
$(0\ 4\ 1)_\kappa$	2946.3	
$(1\ 2\ 1)_\kappa$	2992.8	
$(1\ 8\ 0)_\mu$	3023.9	
$(2\ 0\ 1)$	3029.6	

$(1\ 4\ 0)_\mu$ P6-2	1881.0
$(2\ 2\ 0)_\mu$ P6-3	1911.2
$(3\ 0\ 0)$ P6-4	1949.0
$(0\ 6\ 0)_\kappa$ P6-5	1995.4
$(1\ 4\ 0)_\kappa$ P6-6	2034.8
$(2\ 2\ 0)_\kappa$ P6-7	2064.6
$(0\ 2\ 1)_\mu$	2203.2
$(1\ 0\ 1)$	2255.5
$(0\ 2\ 1)_\kappa$	2336.1
$(0\ 8\ 0)_\mu$ P8-1	2427.0
$(2\ 4\ 0)_\mu$ P8-2	2483.0
$(1\ 6\ 0)_\mu$ P8-3	2511.3
$(3\ 2\ 0)_\mu$ P8-4	2538.3
$(4\ 0\ 0)$ P8-5	2585.2
$(1\ 6\ 0)_\mu$ P8-6	2619.9
$(2\ 4\ 0)_\kappa$ P8-7	2658.5
$(3\ 2\ 0)_\kappa$ P8-8	2690.3
$(0\ 8\ 0)_\kappa$ P8-9	2716.2
$(0\ 4\ 1)_\mu$	2805.4
$(1\ 2\ 1)_\mu$	2861.4
$(2\ 0\ 1)$	2907.4
$(0\ 4\ 1)_\kappa$	2948.4
$(1\ 2\ 1)_\kappa$	2996.3
$(1\ 8\ 0)_\mu$	3030.5

Table 5 : Origines des bandes rovibroniques de HMgO (pour K = 0)

Etats $^2\Sigma^+$		Etats $^2\Sigma$	
(v_1 v_2 v_3)	E (cm^{-1})	(v_1 v_2 v_3)	E(cm^{-1})
(0 1 0)	308.3	(0 1 0)	435.0
(0 3 0) P3-1	919.8	(0 3 0) P3-1	1057.0
(1 1 0) P3-2	965.4	(1 1 0) P3-2	1094.9
(0 5 0) P5-1	1525.5	(0 5 0) P5-1	1679.9
(1 3 0) P5-2	1575.5	(1 3 0) P5-2	1719.2
(2 1 0) P5-3	1608.9	(2 1 0) P5-3	1746.6
(0 1 1)	1899.5	(0 1 1)	2026.1
(0 7 0) P7-1	2125.9	(0 7 0) P7-1	2303.4
(1 5 0) P7-2	2180.7	(1 5 0) P7-2	2342.7
(2 3 0) P7-3	2208.7	(2 3 0) P7-3	2373.3
(3 1 0) P7-4	2243.5	(3 1 0) P7-4	2394.2
(0 3 1)	2502.7	(0 3 1)	2639.6
(1 1 1)	2557.1	(1 1 1)	2686.1
(0 9 0) P9-1	2722.4	(1 7 0) P9-1	2927.0
(2 5 0) P9-2	2778.2	(0 9 0) P9-2	2965.3
(1 7 0) P9-3	2709.8	(3 3 0) P9-3	2997.3
(3 3 0) P9-4	2827.0	(4 1 0) P9-4	3021.9
(4 1 0) P9-5	2877.5	(2 5 0) P9-5	3042.9
(0 5 1)	3100.5	(0 5 1)	3254.4

Remarquons aussi que:
- L'état fondamental de HMgO est $^2\Pi_{3/2}$ et l'écart spin-orbite entre les

niveaux rovibroniques (0 0 0) $^2\Pi_{3/2}$ et (0 0 0) $^2\Pi_{1/2}$ vaut 123 cm^{-1}. Cette valeur de la constante spin-orbite correspond aussi à l'écart entre les deux niveaux rovibroniques (1 0 0) $^2\Pi_{3/2}$ et (1 0 0) $^2\Pi_{1/2}$.

- Pour l'isomère deutéré DMgO (cf table 12), la fréquence harmonique ω_1 est la même que celle de HMgO mais la fréquence ω_2 est plus petite que celle de HMgO et par conséquent le spectre de DMgO n'est pas perturbé par la résonance de Fermi.

- La résonance de Fermi est aussi présente dans l'état électronique excité $A\ ^2\Sigma^+$ car ω_1 est le double de ω_2 (cf table 12) et les niveaux rovibroniques pourront être obtenus de la même façon que pour l'état fondamental.

II – 3 Niveaux rovibroniques de l'état $X\ ^2\Pi$ de HMgS

Pour ce radical la substitution de l'atome d'oxygène dans HMgO par l'atome de soufre donne une constante spin-orbite assez grande qui vaut -312 cm^{-1} alors que le facteur Renner-Teller est toujours petit ($\varepsilon = -0.051$). Les niveaux rovibroniques jusqu'à 3000 cm^{-1} pour K = 0 et 1 sont donnés dans les tables 6 et 7.

Table 6 : Origines des bandes rovibroniques de HMgS (pour K = 1)

Etats $^2\Pi_{1/2}$		Etats $^2\Pi_{3/2}$	
$(v_1\ v_2\ v_3)$	$E\ (cm^{-1})$	$(v_1\ v_2\ v_3)$	$E(cm^{-1})$
$(0\ 0\ 0)$	312.1	$(0\ 0\ 0)$	0.00
$(0\ 2\ 0)_\mu$	587.3	$(1\ 0\ 0)$	437.1

$(1\ 0\ 0)$	749.1	$(0\ 2\ 0)_\mu$	586.9
$(0\ 2\ 0)_\kappa$	911.3	$(2\ 0\ 0)$	864.9
$(1\ 2\ 0)_\mu$	1023.7	$(0\ 2\ 0)_\kappa$	919.4
$(2\ 0\ 0)$	1176.9	$(1\ 2\ 0)_\mu$	1023.3
$(0\ 4\ 0)_\mu$	1183.4	$(0\ 4\ 0)_\mu$	1182.4
$(1\ 2\ 0)_\kappa$	1347.7	$(3\ 0\ 0)$ P6-1	1282.3
$(2\ 2\ 0)_\mu$ P6-1	1451.0	$(1\ 2\ 0)_\kappa$	1355.6
$(0\ 4\ 0)_\kappa$	1519.5	$(2\ 2\ 0)_\mu$ P6-2	1450.8
$(3\ 0\ 0)$ P6-2	1594.3	$(0\ 4\ 0)_\kappa$	1528.4
$(1\ 4\ 0)_\mu$ P6-3	1619.1	$(0\ 0\ 1)$	1589.5
$(2\ 2\ 0)_\kappa$ P6-4	1775.0	$(1\ 4\ 0)_\mu$ P6-3	1618.2
$(0\ 6\ 0)_\mu$ P6-5	1783.2	$(4\ 0\ 0)$ P8-1	1688.0
$(3\ 2\ 0)_\mu$ P8-1	1868.4	$(0\ 6\ 0)_\mu$ P6-4	1781.7
$(0\ 0\ 1)$	1901.1	$(2\ 2\ 0)_\kappa$ P6-5	1782.9
$(1\ 4\ 0)_\kappa$ P6-6	1955.1	$(3\ 2\ 0)_\mu$ P8-2	1868.2
$(4\ 0\ 0)$ P8-2	1999.9	$(1\ 4\ 0)_\kappa$ P6-6	1963.9
$(2\ 4\ 0)_\mu$ P8-3	2046.0	$(1\ 0\ 1)$	2025.9
$(0\ 6\ 0)_\kappa$ P6-7	2129.4	$(2\ 4\ 0)_\mu$ P8-3	2045.3
$(0\ 2\ 1)_\mu$	2169.4	$(5\ 0\ 0)$	2080.2
$(3\ 2\ 0)_\kappa$ P8-4	2192.4	$(0\ 6\ 0)_\kappa$ P6-7	2138.3
$(1\ 6\ 0)_\mu$ P8-5	2218.1	$(0\ 2\ 1)_\mu$	2168.7
$(4\ 2\ 0)_\mu$ P8-6	2274.3	$(3\ 2\ 0)_\kappa$ P8-4	2200.3
$(1\ 0\ 1)$	2337.3	$(1\ 6\ 0)_\mu$ P8-5	2218.2
$(2\ 4\ 0)_\kappa$ P8-7	2381.9	$(4\ 2\ 0)_\mu$	2275.5
$(0\ 8\ 0)_\mu$ P8-8	2383.5	$(0\ 8\ 0)_\mu$ P8-6	2383.0
$(5\ 0\ 0)$	2391.8	$(2\ 4\ 0)_\kappa$ P8-7	2390.8
$(3\ 4\ 0)_\mu$	2463.1	$(2\ 0\ 1)$	2453.3
$(0\ 2\ 1)_\kappa$	2491.6	$(5\ 2\ 0)_\mu$	2457.7
$(1\ 6\ 0)_\kappa$ P8-9	2564.2	$(3\ 4\ 0)_\mu$	2463.7

Table 7 : Origines des bandes rovibroniques de HMgS (pour K = 0)

Etats $^2\Sigma^+$		Etats $^2\Sigma$	
(v_1 v_2 v_3)	E (cm^{-1})	(v_1 v_2 v_3)	E(cm^{-1})
(0 1 0)	293.4	(0 1 0)	612.0
(1 1 0)	730.1	(1 1 0)	1048.6
(0 3 0)	886.5	(0 3 0)	1218.1
(2 1 0)	1157.6	(2 1 0)	1476.1
(1 3 0)	1322.6	(1 3 0)	1654.0
(0 5 0)	1483.6	(0 5 0)	1827.4
(3 1 0)	1557.0	(3 1 0)	1893.5
(2 3 0)	1749.7	(2 3 0)	2081.1
(0 1 1)	1878.3	(0 1 1)	2196.9
(1 5 0)	1918.9	(1 5 0)	2262.5
(4 1 0)	1981.0	(4 1 0)	2299.5
(0 7 0)	2082.7	(0 7 0)	2437.3
(3 3 0)	2167.0	(3 3 0)	2498.3
(1 1 1)	2314.4	(1 1 1)	2633.2
(2 5 0)	2345.5	(2 5 0)	2689.0
(5 1 0)	2374.2	(5 1 0)	2693.1
(0 3 1)	2463.5	(0 3 1)	2794.3
(1 7 0)	2517.3	(1 7 0)	2871.6
(4 3 0)	2573.3	(4 3 0)	2904.6

D'après les tables 6 et 7 on note que :

- Pour HMgS, la différence ($2\omega_1$-ω_2) est plus grande que dans HMgO mais elle est de même ordre de grandeur que pour HBeO. La résonance de Fermi ne devient significative qu'a partir de n =

6 et la notation utilisée est la même que pour les deux isomères oxygénés.

- La constante spin-orbite de HMgS est du même ordre de grandeur que la fréquence harmonique de pliage ω_2, l'effet de l'interaction spin-orbite sur les niveaux rovibroniques est important.

- En symétrie Π, l'interaction spin-orbite contribue au mélange des niveaux appartenant aux polyades 6 et 8.

- Comme déjà obtenu pour les composés HMgO et HBeO, l'état fondamental du radical HMgS est un $^2\Pi_{3/2}$.

- Les spectres vibroniques des trois radicaux sont perturbés, à des degrés différents, par les trois interactions (Renner-Teller, spin-orbite et résonance de Fermi).

- Entre 0.0 et 2500 cm^{-1}, le spectre des radicaux contenant l'atome de magnésium (HMgS et HMgO) contient beaucoup plus d'états que celui du radical HBeO où les niveaux sont beaucoup plus espacés en énergie.

Comme il a été signalé dans la première partie, la méthode variationnelle nous a permis de tenir compte des interactions Renner-Teller, spin-orbite et des résonances de Fermi.

Pour les trois radicaux, la comparaison relative de ces différentes interactions peut être résumé de la façon suivante :

Interaction Renner-Teller :

$$\varepsilon_{HBeO} = -0.111 > \varepsilon_{HMgS} = -0.051 > \varepsilon_{HMgO}$$

Interaction spin-orbite :

$$A_{SO}(HMgS) = -312 \ cm^{-1} > A_{SO}(HMgO) = -123 \ cm^{-1} = A_{SO}(HBeO) = -123 \ cm^{-1}$$

Résonance de Fermi:

$$HMgO > HMgS \approx HBeO$$

Les niveaux rovibroniques des trois radicaux HMgS, HMgO et HBeO donnés dans les tables 2-7 sont des résultats qui <u>sont fournis pour la première fois</u>. Ces calculs effectués avec un Hamiltonien complet pourront servir comme support pour des futures études expérimentales.

Conclusion

Conclusion

Dans ce travail, la structure électronique et la spectroscopie des radicaux MgSH, HMgS, HBeO et HMgO ont été étudiées par des méthodes de calcul très performantes (MRCI et RCCSD(T)) et avec des bases étendues (cc-pVQZ et cc-pV5Z). Pour chaque radical les coupes de surfaces de potentiel pour les différents modes de dissociation et en fonction de l'angle de pliage ont été effectuées, pour les différents états électroniques qui corrèlent avec les limites de dissociation les plus basses dans le but de localiser les différents points stationnaires de ces états.

Le radical MgSH est trouvé plié dans son état fondamental $X\,^2A$' avec un angle de 91° et une barrière à la linéarité de 5683 cm^{-1}. Le premier état excité ^2A' de ce radical, est situé à 23000 cm^{-1} au dessus du minimum de l'état fondamental. Ces deux états forment une intersection conique, en géométrie linéaire, pour $R_{MgS} = 5.72$ bohr et $R_{SH} = 2.0$ bohr.

Les trois premières transitions électroniques $A\,^2A'-X\,^2A'$, $B\,^2A''-X\,^2A'$ et $C^2A'-X\,^2A'$, calculées pour MgSH, confirment les résultats expérimentaux obtenus pour les radicaux isoélectroniques de valence CaSH et SrSH.

L'isomère HMgS est trouvé linéaire dans son état fondamental $^2\Pi$. Le minimum est situé à 7934.6 cm^{-1} au dessus du minimum de l'état $X\,^2A$' de MgSH et la barrière à l'isomérisation HMgS $\longrightarrow$ MgSH est égale à 14517 cm^{-1}.

La limite de dissociation la plus basse pour le système MgSH/HMgS correspond à $Mg(^1S) + SH(X^2\Pi)$. Cette limite est accessible directement pour MgSH mais elle ne peut être atteinte par HMgS que via le chemin d'isomérisation de l'état X^2A'.

Les constantes spectroscopiques obtenues pour MgSH sont en bon accord avec les valeurs expérimentales disponibles. Etant donné que les méthodes de calcul ab-initio utilisées sont très performantes et que les bases considérées sont assez larges, on peut prévoir que les constantes pour lesquelles on ne dispose ni de valeurs théoriques ni de valeurs expérimentales pourront constituer des valeurs prédictives pour un travail expérimental ultérieur. La distance R_{MgS} est approximativement la même dans les deux isomères ; pour MgSH la fréquence fondamentale ω_1 est inférieure à la fréquence ω_2 alors que pour HMgS nous avons la situation inverse.

Pour les monohydroxydes des métaux alcalino-terreux MOH la structure dépend du métal considéré : BaOH, SrOH, et CaOH sont linéaires alors que MgOH est quasi-linéaire et BeOH est plié. Pour les monohydrosulfides MSH, les trois radicaux SrSH, CaSH et MgSH sont pliés dans leur état fondamental X^2A' avec un angle proche de 90°. Ceci laisse penser que la liaison M—O peut avoir un caractère ionique ou covalent alors que la liaison M—S a toujours un caractère covalent dominant.

Les radicaux HBeO et HMgO possèdent une structure électronique analogue à celle du radical HMgS. Contrairement aux résultats des calculs de J. Kong et al [101], on trouve que l'état fondamental est un $^2\Pi$ plutôt qu'un $^2\Sigma^+$. Ce dernier représente en fait le premier état excité. Pour les trois radicaux HMX, on remarque que ces deux états sont proches en énergie et nettement séparés des autres états excités. Les barrières à l'isomérisation par rapport au minimum de l'isomère HMX pour les trois systèmes sont du même ordre de grandeur (autour de 1.7 eV). Pour les systèmes MXH/HMX l'isomère le plus stable est celui pour lequel l'atome d'hydrogène est du coté de l'élément le plus électronégatif (oxygène ou soufre) et la différence d'énergie entre les deux minima est dans l'ordre suivant :

$$\Delta E(MgSH/HMgS) < \Delta E(BeOH/HBeO) < \Delta E(MgOH/HMgO).$$

La distance H—M est toujours inférieure à la distance M—X et la distance Mg—H est pratiquement la même dans les deux radicaux HMgO et HMgS aussi bien à l'état fondamental qu'à l'état excité $X^2\Sigma^+$. La fréquence harmonique ω_3 correspondant à cette élongation Mg—H varie peu en passant d'un radical à l'autre.

L'état fondamental de ces trois radicaux constitue un système Renner-Teller linéaire-linéaire. Cette interaction est trouvée faible dans les trois cas alors que l'effet de l'interaction spin-orbite est beaucoup plus important (la constante spin-orbite pour HMgS est du même ordre de grandeur que la fréquence harmonique de pliage ω_2).

Le niveaux rovibroniques K=0 et 1 pour les trois radicaux ont été déterminés en utilisant l'approche variationnelle. Pour les trois radicaux HMgS, HMgO et HBeO, l'attribution des niveaux vibroniques n'est pas facile a cause de l'existence des interactions Renner-Teller, spin-orbite et de la résonance de

Fermi qui apparaît comme conséquence de la relation particulière $\omega_1 \approx 2\omega_2$. En symétrie Σ^+ l'assignation est faisable mais en symétrie Π le mélange des niveaux est beaucoup plus important.

La structure électronique et la spectroscopie des systèmes MXH/HMX est maintenant mieux comprise et on espère que les données fournies dans ce mémoire seront d'une grande utilité pour de futures études expérimentales.

Références Bibliogra-

phiques

Partie 1

Chapitre 1

[1] M. Born et R. Oppenheimer, Ann. Phys., **84**, 457 (1927)

[2] D. R. Hartree, proc. Camb. Phil. Soc., **24**, 328, (1928)

[3] J. C. Slater, phys. Rev., **35**, 210, (1930)

[4] V. A. Fock, Z. Phys., **15**, 126, (1930)

[5] A. Szabo et N. S. Ostlund "Modern quantum chemistry". McGray-Hill Publishing company. USA, 2nd edition (1989).

[6] J. C. Slater , Phys. Rev. **36**, 57 (1930)

[7] S. F. Boys, Proc. Soc. **200**, 542 (1950)

[8]MOLPRO est une série de programmes écrits par H. J. Werner et P. J. Knowles, avec la participation de R. D. Amos, A. Berning, D. L. Cooper, M. O. J. Deegan, A. J. Dobbyn, F. Eckert, C. Hampel, T. Leininger, R. Lindh, A. W. Lloyd, W. Meyer, M. E. Mura, A. Nicklass, P. Palmieri, K. Peterson, R. Pitzer, P. Pulay, G. Rauhut, M. Schuetz, H. Stoll, A. J. Stone et T. Thorsteinsson. Plus de details sont disponibles sur le site: www.tc.bham.ac.uk/molpro

[9] T. H. Dunning, Jr., J. Chem. Phys. **90**, 1007 (1989)

[10] D. E. Woon, et T. H. Dunning, Jr., J. Chem. Phys. **98**, 1358 (1993)

[11] C. C. J. Roothaan, Rev. Mod. Phys. **23**, 69 (1951

[12] J. A. Pople et R. K. Nesbet, J. Chem Phys. **22**, 571, (1954)

[13] P. J. Knowles, M. Schütz et H. J. Werner. Ab-initio methods for correlation in molecules. www.fz-juelich.de/nic-series

[14] J. C. Slater, Phys. Rev., **34**, 1293, (1929)

[15] J. C. Slater, Phys. Rev., **38**, 1109, (1931)

[16] E. U. Condon, Phys. Rev., **36**, 1121 (1930)

[17] L. Brillouin, Les Champs 'self-consistents' de Hartree et de Fock, Hermann&Cie, Paris, 19 (1934)

[18] W. H. Press, S. A. Teukolsky, W. T. Vetterling, et B. P. Flannery, Numérical Recipes in Fortran 77: The Art of Scientific Computing (Cambridge University Press, nd edition, 1992).

[19] P. E. Gill, W. Murray, et M. H. Wright, Practical Optimisation (Academic Press, 1981)

[20] H.-J. Werner, W. Meyer, J. Chem. Phys. **73,** 2342 (1980)

[21]] H.-J. Werner, W. Meyer, J. Chem. Phys. **74**, 5794 (1981)

[22]] H.-J. Werner, P. J. Knowles J. Chem. Phys. **82**, 5053 (1985)

[23] P. J. Knowles, H.-J. Werner Chem. Phys. Letters, 115, 259 (1985)

[24] D. Yarkony, Chem. Phys. Letters 77, 634 (1981)

[25] B. H. Lengsfield III, J. Chem. Phys., **77**, 4072 (1982)

[26] P. E.M Siegbahn, Int. J. Quantum. Chemistry **18**, 1229 (1980)

[27] W. Meyer, in modern Theoretical chemistry Ed. H. F. Schaefer III, Plenum, New York (1977)

[28] H.-J. Werner, E.-A. Reinsch, J. Chem. Phys., **76**, 3144 (1982)

[29] H.-J. Werner, P. J. Knowles, J. Chem. Phys., **89**,5803 (1988)

[30] P. J. Knowles, H.-J. Werner, Chem. Phys. Letters., **145**, 514 (1988)

[31] S. R. Langhoff, E. R. Davidson, Int. J. Quantum. Chem. Symp. **10**, 1 (1976)

[32] F. Coester, H. Kümmel, Nuclear. Physics., **17**, 477 (1960)

[33] H. Kümmel, Theor. Chim. Acta. **80**, 81 (1991)

[34] J. Cizek., J. Paldus, Int. J. Quantum. Chem., **5**, 359 (1971)

[35] J. Cizek. J. Chem. Phys. **45**, 4256 (1966)

[36] J. Cizek. Adv. Chem. Phys. **14**, 35 (1969)

[37] G. D. Purvis, R. J. Bartlett, J. Chem. Phys., **76**, 1910 (1982)

[38] Gustavo E. Scuseria, Curtis L. Jansen, et Henry F. Shaefer III J. Chem. Phys. **89,** 7382 (1988)

[39] C. Moller et M. S. Plesset, Phys. Rev., **46**, 618 (1934)

[40] Y. S. Lee, S. A. Kucharski, et R. J. Bartlett, J. Chem. Phys.,**81**, 5906 (1984)

[41] M Urban, J. Noga, S. J. Cole et R. J. Bartlett. J. Chem. Phys., **83**, 4041 (1985)

[42] J. Noga, and R. J. Bartlett. J. Chem. Phys., **86**, 7041 (1987)

[43] G. E. Scuseria, and T. J. Lee, J. Chem. Phys., **93**, 5851 (1990)

[44] K. Raghavachari, G. W. trucks, J.A. Pople et M. Head-Gordon, Chem. Phys. Letters., **157**,479 (1989)

[45] K. Raghavachari, J.A. Pople, E . S. Replogle et M. Head-Gordon, J.. Phys. Chem. **94,** 5579 (1990)

[46] R. J. Bartlett, J. D. Watts, S. A. Kucharski et J. Noga, Chem. Phys. Letters., 165, 513 (1990)

[47] M. J. O. Deegan and P. J. Knowles, Chem. Phys. Letters., 227, 321 (1994)

[48] J. D. Watts, J. Gauss, et R. J. Bartlett, J. Chem. Phys., 98, 8718 (1993)

[49] D. R. Yarkony, Modern Electronic Structure Theory II, World Scientific Publishing Co 1995

[50] P. J. Knowles, C. Hampell et H.-J. Werner, J. Chem. Phys. 7, 5219 (1993)

Chapitre 2

[51] B. T. Darling et D. M. Dennisson, Phys. Rev., 57, 128 (1940)

[52] J. K. G. Watson, Mol. Phys., 15, 479 (1968)

[53] P.R Bunker et P Jensen. Molecular symmetry and Spectroscopy. NRC Research Press Ottawa (1998)

[54] D. Papousek, M. R. Aliev, molecular vibrational-Rotational Spectra, Elsevier, Amsterdam (1982)

[55] G. Herzberg, "Molecular spectra and molecular structure" II VNRC New York (1964)

[56] F. Hund, Z. Physik, 36, 657 (1926)

[57] W. A. Bingel, Theory of molecular spectroscopy Verlag Chemie, Germany (1969)

[58] F. Hund, Z. Physik, 42, 93 (1927)

[59] J. H. van Velck, Phys. Rev., **33**, 467 (1929)

[60] I. N. Levine Molecular spectroscopy, Wiley Interscience Publication (1974)

[61] P. Barchewitz "Spectroscopie Atomique et Moléculaire' Masson et Cie - Editeurs , Paris (1970)

[62] G. Herzberg, "Molecular spectra and molecular structure" III VNRC New York (1966)

[63] E. Fermi, Z. Physik, **71**, 250 (1931)

[64] Thèse de J. Senekowitch sous la direction de P. Rosmus, Johan Wolfgang Goethe Univesität, Francfort, Allemagne (1988)

[65] I. M. Mills, Molecular Spectroscopy : Modern Research K. N. Rao, C. W. Mathews, Academic Press, (1972)

[66] K. Dressler, et D. A. Ramsay, Phil. Trans. R. Soc. A, **251**, 553 (1959)

[67] R. Renner, Z. Phys, **92**, 172 (1934)

[68] G. Herzberg, and E. Teller, Z. Phys. Chem., B, **21**, 410 (1933)

[69] S. F. Boys, Proc. Roy. Soc. London, Ser. A, **200**, 542 (1950)

[70] R. J. Withehead, et N. C. Handy, J. Mol. Spectrosc. **55**, 536 ()975)

[71] S. Carter, N. C. Handy Mol. Phys. **49,** 745 (1983)

[72] S. Carter, N. C. Handy Mol. Phys. **52**, 1367 (1984)

[73] S. Carter, N. C. Handy, P. Rosmus, G. Chambaud, Mol. Phys **71**, 605 (1990)

[74] R. Mc Weeny, J. Chem. Phys., **42**, 1717 (1965)

Partie 2

Chapitre 1

[75] K. P. Huber, et G. Herzberg, "constants of diatomic molecules", VNR New York (1979)

[76] C.E Moore, Atomic Energy Levels. Circular of the National Bureau of Standards 467 (1949)

[77] C. T. Scurlock, T. Henderson, S. Bosely, K. Y. Jung, et T. C. Steimle, J. Chem. Phys. **100**, 5481 (1994)

[78] W. T. M. L. Fernando, R. S. Ram, L. C. O'Brien, et P. F. Bernath, J. Phys. Chem. **95,** 2665 (1991)

[79] A. D. Walsh, J. Chem. Soc, 2260 (1953)

[80] R. Gillespie, Quartely Rev. Chem. Soc. **11**, 339 (1957)

[81] G. Theodorakopoulos, I. D. Petsalakis, et I. P. Hamilton, J. Chem. Phys., **111**,

10484 (1999)

[82] J. V. Ortiz Chem. Phys. Letters, **169**, 116 (1990)

[83] A. Taleb-Bendiab, F. Scappini, T. Amano, et J. K. G. Watson, J. Chem. Phys. **104,** 7431 (1996)

[84] D. T. Halfen, A. J. Apponi, J. M. Thompsen, et L. M. Ziurys, J. Chem. Phys., **115,** 11131 (2001)

[85] C. N. Jarman, et P. F. Bernath, J. Chem. Phys. **98**, 6697 (1993)

[86] A. Taleb-Bendiab, D. Chomiak, Chem. Phys. Letters., **334**, 195 (2001)

[87] A. Zaidi, S. Lahmar, Z. Ben Lakhdar, P. Rosmus, et J.P Flament., J. Mol. Struc.(THEOCHEM) **634**, 299 (2003)

[88] R. Pereira and D. H. Levy, J. Chem. Phys., **105**, 9733 (1996)

[89] J. Koput, S. Carter, K. A. Peterson, G. Theodorakopoulos, J. Chem. Phys., **117**, 1529 (2002)

[90] E. Muradm Chem. Phys. Letters **72**, 295 (1980)

[91] C. W. Bauchlicher Jr., et S. R. Langhoff, J. Chem. Phys. **84**, 901 (1986)

[92] Z. E. Palke, and B. Kirtman, Chem. Phys. Letters **117**, 424 (198))

[93] W. L. Barclay Jr., M. A. Anderson, et L. M. Ziurys, Chem. Phys. Letters, **196**, 225 (1992)

[94] D. A. Fletchermm, M. A. Anderson, W. L. Barclay Jr. et L. M. Ziurys, J. Chem . Phys. **102,** 4324 (1995)

[95] B. P. Nuccio, A. J. Apponi, et L. M. Ziurys, J. Chem. Phys, **103,** 9193 (1995)

[96] P. R. Bunkerm, M. Kolbuszewski, P. Jensen, M. Brumm, M. A. Anderson, W. L. Barclay Jr, L. M. Ziurys, Y. Ni, et D. O. Harris, Chem. Phys. Letters, **239**, 217 (1995)

[97] A. J. Apponi, M. A. Anderson, et L. M. Ziurys, J. Chem. Phys., **111**, 10919 (1999)

[98] Y. Ni, Ph.D. Thesis (University of California, Santa Barbara (1986)

[99] J. Koput, et K. Peterson, J. Phys. Chem. A **107**, 3981 (2003)

Chapitre 2

[100] J. Kong, et R. J. Boyd, J. Chem. Phys. **104**, 4055 (1996)

[101] S. K. Jain, C. Rout, et R. C. Rastogi, Chem. Phys. Letters, **331**, 547 (2000)

[102] G. Chambaud, P. Rosmus, M. L. Senet, et P. Palmieri, Mol. Phys. **92**, 399 (19997)

[103] P. Pesch, Ap. J. Letters, **174**, 155 (1974)

Annexes

Annexe I : Unités atomiques

Le système d'unités atomiques (u. a.) adopté tout le long de ce mémoire nous a permis de donner des expressions beaucoup plus simples de l'hamiltonien moléculaire. La correspondance entre les unités atomiques et celles du système international est donnée dans la table suivante :

Grandeur physique	Valeur en u.a.	Valeur dans le SI
Masse de l'électron m_e	1	$9.11 \times 10^{-31} kg$
Charge de l'électron e	1	$1.602 \times 10^{-19} C$
Moment angulaire $\hbar$	1	$1.055 \times 10^{-34} Js$
Rayon de Bohr a_0	1	$5.292 \times 10^{-11} m$
$4\pi\varepsilon_0$	1	$1.113 \times 10^{-10} C^2/Jm$
Energie en Hartree	1	$4.3598 \times 10^{-18} J$
Vitesse de la lumière c	137.036	$2.9979 \times 10^8 m/s$

Le moment dipolaire est exprimé en Debye avec $1 D = 1/3 \times 10^{-29} Cm$.
Pour l'énergie, les relations de conversion entre les différentes unités sont :

$1\ u.a = 27.2116\ eV$

$1\ eV = 8065.49\ cm^{-1}$

$1\ u.a = 627.51\ kcal/mol$

Annexe II : Fonctions de base pour le calcul électronique

Comme il a été montré dans nos calculs, le choix de la base pour représenter les orbitales atomiques est fondamental dans tout calcul ab-initio. Dans cet annexe, on décrit la différence entre les deux types de fonctions de base puis on va présenter les différentes bases utilisées dans les calculs :

II-1 Les deux types de fonctions de base

II-1.1 Fonctions de Slater (STO : Slater type Orbitals)

Dans ce cas l'orbitale atomique χ s'écrit :

$$\chi_{\zeta,n,l,m}(r,\theta,\varphi) = N Y_{l,m}(\theta,\varphi) r^{n-1} e^{-\zeta r}$$

où N est la constante de normalisation et $Y_{l,m}$ est une harmonique sphérique qui caractérise la nature de l'orbitale (s,p,d...) et ζ est un exposant qui détermine la taille de l'orbitale de Slater (voir figure 1)

II-1-2 Fonctions gaussiennes (GTO : Gaussian Type Orbitals) :

Le deuxième type de base est formé d'orbitales Gaussiennes qui ont la forme suivante : $\chi_{\alpha,n,l,m}(r,\theta,\varphi) = N Y_{l,m}(\theta,\varphi) r^{(2n-2-1)} e^{-\alpha r^2}$

où α un exposant qui détermine l'extension radiale de l'orbitale (voir figure 1). En terme de coordonnées cartésiennes cette fonction prend la forme :

$$\chi_{\alpha, l_x, l_y, l_z}(x, y, z) = N x^{l_x} y^{l_y} z^{l_z} e^{-\alpha r^2}$$

où la somme $l = l_x + l_y + l_z$ détermine le type de l'orbitale.

Pour $l = 0$ on a une orbitale s

Pour $l = 1$ on a une orbitale p

Pour $l = 2$ on a une orbitale d

α est un exposant qui détermine la taille de la fonction de base

Figure 1 : Variation des fonctions de base STO et GTO en fonction de r

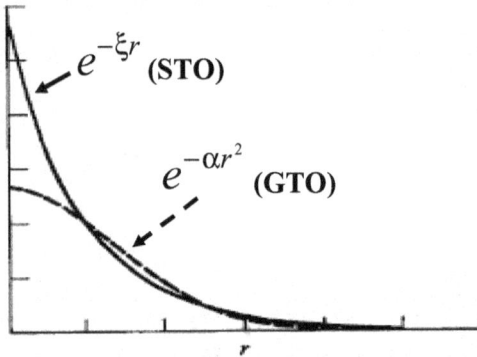

II-2 Comparaison des GTO et STO

La différence entre ces deux fonctions se situe au niveau des points suivants (voir figure 1)

-   pour r = 0 et r = ∞ leurs comportement sont différents

En effet, pour r = 0 on a :

$$\frac{d}{dr}(e^{-\xi r}) \neq o \quad \text{alors que} \quad \frac{d}{dr}(e^{-\alpha r^2}) = 0$$

et pour r $\longrightarrow$ ∞ les fonctions gaussiennes décroissent plus rapidement que les fonctions de Slater.

-   pour le calcul des fonctions d'onde on préfère utiliser les fonctions de Slater car elles décrivent mieux la forme de ces fonctions. En effet, la solution exacte pour l'atome d'hydrogène est une fonction de Slater.

-   pour un même calcul, il faut utiliser beaucoup plus de fonctions gaussiennes que de fonctions de Slater.

Donc à priori, les fonctions STO sont mieux adaptées aux calculs électroniques car elles permettent de trouver des résultats physiquement correctes et avec un effort de calcul réduit. Toutefois un point capital dans l'étude des molécules polyatomiques renverse la situation en faveur des fonctions GTO : au niveau du calcul HF il y a un grand nombre d'intégrales

$\langle \chi_\mu \chi_\lambda | g_{12} | \chi_\nu \chi_\sigma \rangle = \int \chi_\mu(1) \chi_\lambda(2) \hat{g}_{12} \chi_\nu(1) \chi_\sigma(2) d\tau_1 d\tau_2$ à calculer et si les

fonctions $\chi_\mu, \chi_\lambda, \chi_\nu$ et χ_σ sont centrées sur des atomes différents, alors l'évaluation analytique de ces intégrales avec les fonctions STO n'est pas possible et elle ne peut se faire que numériquement. Par contre, avec les fonctions GTO ces intégrales peuvent être évaluées analytiquement car ce type de fonction possède la propriété suivante : le produit de deux fonctions gaussiennes est lui aussi une fonction gaussienne.

En effet soit deux fonctions gaussiennes $e^{-\alpha_1(r-r_1)^2}$ et $e^{-\alpha_2(r-r_2)^2}$ centrées en r_1 et r_2, le produit de ces deux fonctions donne une nouvelle gaussienne $e^{-\alpha_3(r-r_3)^2}$ avec $\alpha_3 = \dfrac{\alpha_1\alpha_2}{\alpha_1\alpha_2}$ et $r_3 = \dfrac{\alpha_1 r_1 + \alpha_2 r_2}{\alpha_1 + \alpha_2}$.

Ainsi les intégrales à quatre centres peuvent être réduites à celles avec un seul centre dont l'évaluation est rapide. Pour cette raison, les calculs en chimie quantique se font à l'aide des bases de fonctions gaussiennes dont le comportement à faibles et à grandes distances (qui constitue leur principal défaut) doit être corrigé. Pour compenser cette représentation incomplète des orbitales atomiques par les fonctions gaussiennes, on utilise des combinaisons linéaires de gaussiennes comme fonctions de bases. (voir figure 2)

Figure 2 : Contraction des fonctions gaussiennes

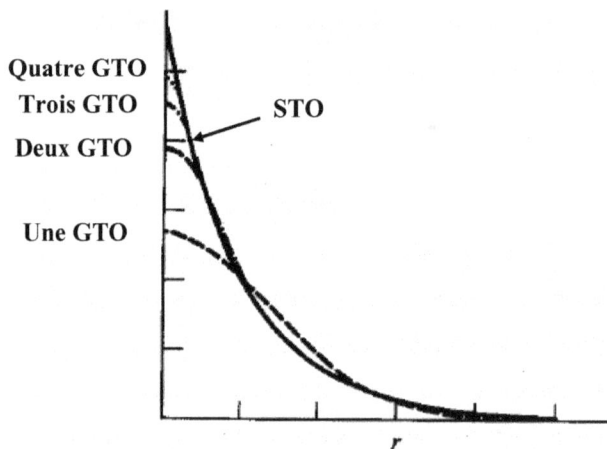

Ces fonctions sont appelées fonctions gaussiennes contractées.

La fonction gaussienne contractée s'écrit en fonction des gaussiennes primitives sous la forme : $\chi = \sum_{k=1}^{p} d_k g_k(\alpha_k)$

où d_k et α_k représentent respectivement le coefficient et l'exposant de contraction, g_k est une fonction gaussienne primitive et p est la largeur de la contraction qui peut varier de 0 à 10.

Cette contraction se fait généralement pour les couches internes qui contiennent le plus grand pourcentage de l'énergie mais ont la plus petite influence sur les propriétés chimiques. Il y a deux façons de contracter une base de GTO primitives :

- Contraction segmenté : dans ce cas, chaque gaussienne primitive ne participe qu'à une seule contraction. Par exemple la contraction (10s)/[3s] correspond par exemple au schéma suivant :

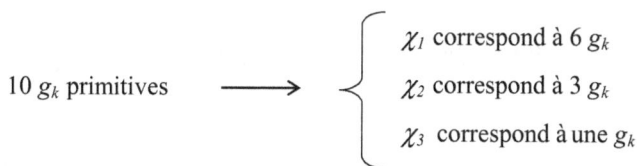

$$10\ g_k\ \text{primitives} \quad \longrightarrow \quad \begin{cases} \chi_1 \text{ correspond à } 6\ g_k \\ \chi_2 \text{ correspond à } 3\ g_k \\ \chi_3 \text{ correspond à une } g_k \end{cases}$$

- Contraction générale : Dans ce schéma de contraction, les fonctions primitives g_k participent à toutes les contractions. Par exemple pour la contraction (10s)/[3s], les trois gaussiennes contractées s'écrivent :

$$\chi_1 = \sum_{k=1}^{10} a_k g_k(\alpha_k), \ \chi_2 = \sum_{k=1}^{10} b_k g_k(\alpha_k) \text{ et } \chi_3 = \sum_{k=1}^{p} c_k g_k(\alpha_k)$$

II-3 Bases minimales et bases étendues

Une base est dite minimale si chaque OA est représentée par une seule fonction. Pour les éléments des trois premières lignes du tableau périodique la base minimale est constituée de :

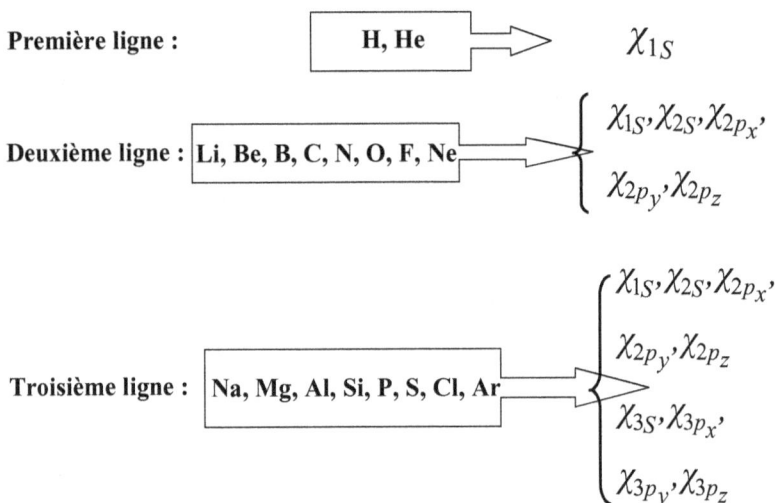

Première ligne :   H, He $\longrightarrow$ χ_{1S}

Deuxième ligne : Li, Be, B, C, N, O, F, Ne $\longrightarrow$ $\begin{cases} \chi_{1S}, \chi_{2S}, \chi_{2p_x}, \\ \chi_{2p_y}, \chi_{2p_z} \end{cases}$

Troisième ligne : Na, Mg, Al, Si, P, S, Cl, Ar $\longrightarrow$ $\begin{cases} \chi_{1S}, \chi_{2S}, \chi_{2p_x}, \\ \chi_{2p_y}, \chi_{2p_z} \\ \chi_{3S}, \chi_{3p_x}, \\ \chi_{3p_y}, \chi_{3p_z} \end{cases}$

cette base n'est pas du tout adaptée aux calculs ab-initio car elle n'a pas la flexibilité nécessaire pour la description des modifications des orbitales de valence lors de la formation des liaisons. Pour améliorer la qualité de cette base, on représente chaque OA par n fonctions gaussiennes contractées. La base est appelée n Zeta (Double Zeta pour n = 2, Triple Zeta pour n = 3, ...) Etant donné que le nombre de fonctions de base va augmenter rapidement avec n et vu que les orbitales de cœur sont peu modifiés au cours de la formation des liaisons alors elles sont souvent représentées par une seule fonction gaussienne contractée et seules les orbitales de valence sont représentées par n gaussiennes. La base est alors appelée n-Zeta de valence.

II-3 Fonctions de polarisation et fonctions diffuses

La contraction originale constituée par les fonctions de cœur et de valence et déduite d'un calcul HF (qui permet de calculer les coefficients optimales d_k des gaussiennes primitives) pour les atomes, est souvent augmentée avec d'autres fonctions dont les plus utilisées sont les fonctions de polarisation et les fonctions diffuses. Les fonctions de polarisation sont les fonctions qui représentent des orbitales dont le nombre quantique l est supérieur à celui des orbitales atomiques de valence. Par exemple les fonctions d ($l_x + l_y + l_z = 2$) sont des fonctions de polarisation pour les éléments de la deuxième ligne du tableau périodique (C,N, O, ...). En donnant une bonne description de la déformation des orbitales atomiques engagées dans une liaison, ces fonctions de polarisation donnent une plus grande flexibilité angulaire au processus LCAO servant à construire les orbitales moléculaires de valence. L'ajout de ces fonctions augmente le temps de calcul mais on ne peut pas s'en passer pour traiter la corrélation électronique.

Quand on considère des anions ou des états de Rydberg il faut ajouter des fonctions gaussiennes ayant un exposant α petit appelées fonctions diffuses et qui décroissent lentement avec la distance par rapport au noyau.

Pour une bonne précision dans les calculs ab-initio, les fonctions de base les mieux adaptées sont celles développées par Dunning [9][10] que nous avons utilisées tout le long de ce mémoire. Elle sont appelées Correlation Consistent Polarised Valence-n-Zeta (cc-pVnZ).

www.ingramcontent.com/pod-product-compliance
Lightning Source LLC
Chambersburg PA
CBHW021036210326
41598CB00016B/1042